Forst-Akademien

oder

allgemeine Hochschulen?

Von

Bernhard Danckelmann,
Königl. Preuß. Oberforstmeister und Direktor der Forst-Akademie zu Neustadt-Eberswalde.

1872.
Springer-Verlag Berlin Heidelberg GmbH
Monbijouplatz 3.

ISBN 978-3-662-32165-2   ISBN 978-3-662-32992-4 (eBook)
DOI 10.1007/978-3-662-32992-4

Die forstliche Unterrichtsfrage hat eine Zeit lang geruht. Sie ist kürzlich wieder aufgelebt und wird, wenn nicht alle Zeichen trügen, einen Entscheidungskampf über den Fortbestand der Forst-Akademien herbeiführen, zu welchem das Vorspiel bereits in Landtags-Verhandlungen und Brochüren geliefert ist. In Bayern wird seit 2 Jahren in lebhafter Weise für und wider die Vereinigung der Centralforstlehranstalt Aschaffenburg mit dem neuen Polytechnikum in München gestritten,*) die vor Kurzem bei dem Bayerischen Ministerium förmlich beantragt worden ist. Zu Wien wurde in dem Ausschusse des Abgeordnetenhauses über die Errichtung einer landwirthschaftlichen Hochschule der Vorschlag gemacht, die Forst-Akademie Mariabrunn zunächst mit der in Wien zu begründenden landwirthschaftlichen Hochschule und demnächst beide mit der dortigen Universität zu vereinigen.**) In den Verhandlungen des Preußischen Abgeordnetenhauses über den Etat der Staatsforstverwaltung für das Jahr 1871***) ist der Professor Virchow gegen die Begründung der Forst-Akademie Münden in die Schranken getreten, die er in dem Abschlusse von der Universität als ein wissenschaftliches Exil mit rasch eintretender geistiger Veralterung und Unempfänglichkeit der Lehrer für den Fortschritt der Wissenschaft darzustellen beliebte. Zur Unterstützung dieser, von der Mehrheit des Abgeordnetenhauses nicht getheilten Ansicht, hielt sich derselbe Ab-

---

*) Das forstliche Unterrichtswesen in Bayern. 1869. — Die Vereinigung der K. Centralforstlehranstalt in Bayern mit dem Polytechnikum. 1870. — Zur Organisation der forstlichen Lehranstalten. München 1870 bei Schurich.

**) Votum zur beabsichtigten Vereinigung der K. K. Forst-Akademie zu Mariabrunn mit der in Wien zu gründenden landwirthschaftlichen Hochschule. Wien 1871 bei Finsterbeck.

***) Stenogr. Berichte über die Sitzung vom 5. Januar 1871.

geordnete in der folgenden Sitzungs=Periode*) zu der Behauptung berechtigt, daß unter „den traurigen Verhältnissen" der Forst=Akademie Münden bereits ein allgemeines Unwohlbefinden der dortigen Lehrer eingetreten sei.

Die wieder in Fluß gebrachte Bewegung auf dem Gebiete des forstlichen Unterrichts ist keine vereinzelte Erscheinung. Sie steht im Zusammenhange mit der Unterrichtsfrage im Allgemeinen, — im Zusammenhange ferner mit den tief eingreifenden Reformen auf beinahe allen Gebieten des Volkslebens, die ihrerseits wieder, wie es immer zu geschehen pflegt, zu den großen politischen Ereignissen in Wechselbeziehung stehen, welche die Weltlage mit einem Schlage geändert und dem deutschen Volke längst ersehnte, hohe Güter gebracht haben. Wir stehen an der Schwelle einer neuen Zeit, oder haben dieselbe vielmehr schon überschritten. Solche Zeitwenden im Völkerleben, wie die gegenwärtige ist, bergen die Gefahr in sich, daß die Verbindung mit der Vergangenheit abgebrochen wird, daß in dem hastigen Vorwärtsdrängen die Wege der Reform verlassen und die in ruhiger Entwickelung herangereiften befriedigenden Zustände über Bord geworfen werden, weil sie alt sind. Für diejenigen, welche solche Zustände zu erhalten wünschen, nicht weil sie hergebrachte, sondern weil sie befriedigende sind, erwächst daraus die Pflicht, für dieselben mit Entschiedenheit einzutreten, so lange es noch Zeit ist. Diese Pflicht wünschen wir zu erfüllen.

Die Richtung unserer Zeit ist Besonderheiten, die doch zum Grundtone des deutschen Wesens gehören, nicht günstig. Das Besondere geht mehr und mehr auf in dem Allgemeinen, — die Vielgestaltigkeit weicht der Gleichförmigkeit auch da, wo die Einheit in nothwendigen Dingen nicht geboten ist. Damit geht die Harmonie, welche die Vielheit in der Einheit ist, häufig verloren. An ihre Stelle tritt Einförmigkeit, welche die Freiheit der Bewegung zurückhält, eine lebensvolle Entwickelung hemmt. Möge dies den Forstschulen erspart bleiben. Die Forst=Akademien sind Besonderheiten. Es fragt sich, ob sie zugleich, wie man gegenwärtig wieder behauptet, Anomalien sind, welche die normale Berufsbildung beeinträchtigen, oder ob nicht vielmehr ihre Absonderung von den allgemeinen Hochschulen durch die Eigenthümlichkeiten des forstlichen Berufs und zur Erzielung einer tüchtigen Berufsbildung

---

*) Stenogr. Berichte über die Sitzung vom 18. December 1871, S. 162.

geboten ist. Hierauf soll sich die nachfolgende Untersuchung erstrecken. Dieselbe wird die Organisation der forstlichen Hochschulen der zweifachen Aufgabe gegenüberstellen, welche dieselben einerseits im Unterrichte, andererseits in Förderung der Wissenschaft zu erfüllen haben.

1. Die Organisation der forstlichen Hochschulen.

Die forstlichen Hochschulen zerfallen in zwei Gruppen. Sie bestehen theils als Glieder der allgemeinen Hochschulen (Universitäten und polytechnischen Schulen), theils als besondere Fachschulen (Akademien). Die letzteren sind entweder gemeinsame (combinirte) Schulen für die Wissenschaft des Forstwesens und eines zweiten mehr oder weniger verwandten Gewerbszweigs der Urproduction (land- und forstwirthschaftliche Akademien, Berg- und Forst-Akademien), — oder sie sind selbstständige (isolirte) Forstschulen (Forst-Akademien).

Die Universitäten, wie sie in Deutschland, zur Zeit dem classischen Lande der Universitäten bestehen, sind gelehrte Körperschaften für das Gesammtgebiet des Wissens und der Geisteskultur, ausgestattet mit den bedeutendsten Lehrkräften und Hülfsmitteln in einem ihrem universellen Charakter entsprechenden Umfange, berufen zur Verbreitung allgemeiner Bildung, zur Beamten- und Lehrerbildung und zur Fortbildung der Wissenschaft, — eingerichtet nach dem Principe der Freiheit in Lehre, Forschung und Verfassung, welche in dem losen Verbande der Fakultäten die Wahl und den Wechsel der Decane und des Rectors vorschreibt und dem Lehrkörper alle wesentlichen Befugnisse vorbehält.

Der forstliche Unterricht auf den Universitäten läßt mehrere ihrem Wesen nach verschiedene Richtungen unterscheiden. Begründet wurde derselbe durch die Kameralisten, zunächst durch Johann Beckmann in Göttingen (1870), dem größten Kameralisten des 18. Jahrhunderts, sodann durch Walther in Gießen, Gatterer in Heidelberg, Jung in Heidelberg und Marburg, Nau in Mainz. Der kameralistischen Richtung gebührt das Verdienst, die forstliche Theorie, zu welcher Naturwissenschaften und Mathematik den Grund gelegt hatten, systematisch geordnet und dadurch in die Reihe der Wissenschaften eingeführt zu haben. Einen irgendwie hervorragenden Einfluß auf die Fortbildung der Forstwissenschaft, oder gar auf die Hebung der Forstwirthschaft, haben die Kameralisten nicht ausgeübt, weil ihr forstliches Wissen ein erborgtes war und weil sie der Waldwirthschaft völlig fremd gegenüberstanden. Neben der kameralistischen Forstwissenschaft, die sich nicht mehr behaupten konnte, als die Forstleute selbst anfingen, sich um die Forstwissenschaft zu kümmern, hat kurze Zeit lang die naturwissenschaftliche Richtung des Forstwesens auf der Universität einen Vertreter in Gleditsch zu Berlin gefunden. Einen Nachfolger dieses bedeutenden Mannes, der nach irgend einer Richtung hin die Naturwissenschaften in ihrer Anwendung auf die Forstwirthschaft gefördert hatte, haben die Universitäten nicht aufzuweisen. Der kameralistischen und der naturwissenschaftlichen Richtung folgten zwei weitere Formen des forstlichen Unterrichts auf den Universitäten. Man überwies einerseits 1821 in Berlin, 1825 in Gießen, 1832 in München die gesammte theoretische Ausbildung der Universität, deren Unterrichtsgebiet zu diesem Zwecke durch Errichtung forstlicher Lehrstühle erweitert wurde. Andererseits beschränkte man sich darauf, der Universität den Ergänzungs-Unterricht in Staats- und Rechtswissenschaften zu überlassen, dagegen die forstliche Fachbildung den Forst-Akademien zu übertragen. In Preußen war diese Einrichtung nach Begründung der Forst-Akademie Neustadt-Ebw. lange Zeit, in Bayern ist sie seit 1848 für alle diejenigen obligatorisch, welche sich für die höheren Stellen der Forstverwaltung ausbilden wollen. Nachdem Preußen (1830) und Bayern (1844) zu dem Systeme der Forst-Akademien übergegangen sind, besteht die Form des forstlichen Gesammt-Unterrichts durch die Universität nur noch in Gießen. Das Wesen dieser Unterrichtsform gegenüber den Forst-Akademien beruht darin, daß Grundwissenschaften (Naturwissenschaften, Mathematik, Wirthschaftswissenschaften) und Nebenwissenschaften (Rechtswissenschaft, Baukunde) ohne Rücksicht auf das Forstfach vorgetragen, dagegen die eigentlichen Fachwissenschaften von forstlichen Lehrern gelehrt werden. Demgemäß beschränken sich die für den forstlichen Unterricht getroffenen besonderen Einrichtungen im Wesentlichen auf die Errichtung von 1 oder 2 forstlichen Professuren an der Universität. Unter den Forstleuten gilt als Hauptvertreter dieses Unterrichtssystems Gustav Heyer*), welcher eine Reihe von Jahren als Professor der Forstwissenschaft an der Universität Gießen gewirkt und auch bei Uebernahme seiner gegenwärtigen Stellung als Direktor der Forst-Akademie Münden seine

---

*) Allgem. Forst- und Jagdzeitung, Jahrgang 1862, S. 409.

frühere Auffassung gewahrt hat.*) Den bedeutendsten Einfluß in weiteren Kreisen zu Gunsten dieser Richtung haben vielleicht die Kundgebungen von Justus von Liebig über die landwirthschaftlichen Akademien ausgeübt, welcher die Absonderung derselben von den allgemeinen Bildungs-Anstalten „eine Ausschließung von dem intellectuellen Fortschritt" nennt und „den mit der Erlernung des technischen Betriebs verknüpften halben und einseitigen wissenschaftlichen Unterricht, der diesen Akademien eigenthümlich, als den Grund ihrer allgemeinen Verkümmerung und der Erfolglosigkeit ihrer Wirksamkeit" bezeichnet.**)

Auf demselben Grundgedanken, das Fachwissen gesondert, die Grund- und Nebenwissenschaften allgemein zu behandeln, welcher die forstliche Ausbildung auf der Universität beherrscht, beruht die Organisation der **polytechnischen Schulen**. Dieselben sind Hochschulen für die Wissenschaft der technischen Gewerbe, gegliedert in Fachschulen mit besonderen Vorständen und planmäßigem Unterricht, gewissermaßen Gesammtheiten von Fachschulen, in der administrativen Leitung einem Direktor untergeordnet, welcher an die Beschlüsse des Lehrkörpers gebunden ist. Für die forstliche Ausbildung ist dies System in Baden seit 1832 bei der technischen Schule in Carlsruhe, — in Braunschweig seit 1838 bei dem dortigen Carolinum, in der Schweiz seit 1855 bei der eidgenössischen polytechnischen Schule zu Zürich eingeführt. Es bestehen daselbst neben Bauschulen, Ingenieur-Schulen, Maschinenbau-Schulen, Landwirthschafts-Schulen, chemischen Schulen, Bergbau-Schulen, pharmazeutischen Schulen, Eisenbahn- und Post-Schulen, auch besondere Forst-Schulen, deren Schüler darauf angewiesen sind, die Grund-, Nebenwissenschaften und Fertigkeiten gemeinschaftlich mit den Angehörigen der übrigen Fachschulen zu erlernen, in dem forstlichen Fachwissen dagegen besonderen Unterricht von (zur Zeit überall 2) forstlichen Professoren zu erhalten. In der Einrichtung des auf gleichen Principien beruhenden Unterrichts unterscheiden sich die polytechnischen Schulen von den Universitäten dadurch, daß auf ersteren der Unterricht durch Eintheilung in Jahreskurse und durch vorgeschriebene Studienpläne mehr organisirt ist, ferner dadurch, daß dem Vorstande der polytechnischen Fachschule eine größere Einwirkung auf die Systematik des Unterrichts eingeräumt ist. Anhänger des poly-

---

*) Allg. Forst- u. Jagdzeitung 1868, p. 21.
**) von Liebig. Festrede zur Feier des 102. Stiftungstags der Königl. Bayerischen Akademie der Wissenschaften, gehalten am 26. März 1861; — v. auch dessen naturwissenschaftliche Briefe. Heidelberg 1859.

technisch=forstlichen Unterrichts war Dengler,*) welcher der Forst=
schule auf dem Polytechnikum in Carlsruhe eine Zeit lang vorge=
standen hat.

Einen Uebergang von den polytechnischen Schulen zu den Forst=
Akademien bilden die Doppel=Fachschulen der Land= und Forst=
wirthschafts=Akademien und der Berg= und Forst=Akademien. Sie
sind oder sollen sein organische Vereinigungen von 2 verwandten
Fachschulen, obgleich die Verwandtschaft zwischen Berg= und Forst=
fach, die sich früher, als die Forstwirthschaft noch der Schleppen=
träger des Bergbaues war, eher nachweisen ließ, gegenwärtig eine
sehr entfernte ist. Man kann daher diese Verbindung, die zur Zeit
noch in Schemnitz (Ungarn) besteht, nur auf äußere oder historische
Gründe zurückführen. Eine innere Berechtigung dürfte sich schwer=
lich erweisen lassen. Weit näher stehen einander Forst= und Land=
wirthschaft in Leben und Schule, in Wirthschaft und Wissenschaft;
— in Leben und Wirthschaft sowohl durch Vereinigung von Wald
und Feld in einer wirthschaftlichen Hand, als durch mancherlei mit
einander verträgliche und unverträgliche wirthschaftliche Beziehungen,
in Wissenschaft und Schule durch eine gewisse Gemeinsamkeit der
Grund= und Nebenwissenschaften. Ist es doch in den Lehrbüchern
der National=Oekonomie üblich geworden, die Forstwirthschaft als
einen Zweig der Landwirthschaft zu behandeln. In den landwirth=
schaftlich=forstlichen Akademien tritt bereits das Unterrichts=Princip
der Fachschule hervor, welches darin besteht, daß die Grund= und
und Nebenwissenschaften mit Rücksicht auf die Fachwissenschaften
gelehrt werden. Diese Rücksichtnahme ist hier möglich, weil die
Lehrer sich das Verständniß der beiden verwandten Fächer allen=
falls aneignen können, ferner, weil die Lern= und Gesichts=Felder
der Schüler sich vielfach berühren und in einander greifen. Auf
den polytechnischen Schulen und auf den Universitäten ist solche
Rücksichtnahme aus den entgegengesetzten Gründen nicht möglich.
Allerdings wird von den Anhängern der allgemeinen Bildungs=
Anstalten auch behauptet, daß dieselbe nicht nur nicht wünschens=
werth, sondern geradezu schädlich sei. Welchen Grund diese Be=
hauptung hat, wird sich später ergeben. Zu den Doppel=Akademien
der Land= und Forstwirthschaft, von denen gegenwärtig nur noch
Hohenheim besteht, bekennen sich Judeich**) und Preßler.***)

---

*) Monatsschrift für Forst= u. Jagdwesen 1865 p. 59.
**) Judeich in Smoler's Vereinsschrift 1865 p. 20.
***) Preßler im Tharander Jahrbuch III. Bd. 1849, v. auch die Forst=
wirthschaft der 7 Thesen.

Die Forst-Akademien, welche das Princip des in allen seinen Theilen auf die Fachwissenschaft bezogenen Unterrichts am vollständigsten zum Ausdrucke bringen, dienen in unmittelbarer Anlehnung an die Waldwirthschaft mit ihrem ganzen Lehrkörper und Unterrichts-Apparate unter der dauernden Leitung eines Fachdirektors ausschließlich dem forstlichen Bildungs- und Wissenschafts-Zwecke. Die meist dem Gelehrtenstande angehörigen Gegner der Forst-Akademien sind geneigt, denselben eine gewisse historische Berechtigung einzuräumen, vertreten aber die Meinung, daß die isolirten Forstschulen dem gegenwärtigen Standpunkte der Wissenschaft nicht mehr entsprechen, deren Lehre und Förderung in befriedigender Weise nur von den Universitäten oder polytechnischen Schulen erwartet werden dürfe. Den Beweis hierfür sucht man durch historische und durch innere Gründe zu erbringen. Auf welcher Seite das Uebergewicht der sachlichen, der gegenwärtigen Lage der Dinge entsprechenden Gründe ist, wird die nachfolgende Untersuchung darzulegen versuchen. Den historischen Beweis dagegen, welcher in den Forst-Akademien einen Uebergang von den Meisterschulen zu den Universitäten erkennt, und dies einer vergangenen Zeit angehörige Uebergangsstadium dadurch begründet, daß es den Universitäten damals an geeigneten Lehrern, den Schülern an der erforderlichen Vorbildung gefehlt habe,*) gestatten wir uns, schon jetzt als einen verfehlten zu bezeichnen. Die geschichtlichen Thatsachen beweisen vielmehr das gerade Gegentheil. — Die zur Zeit bestehenden Forst-Akademien, welche die überwiegende Mehrzahl unter den verschiedenen Arten forstlicher Bildungs-Anstalten ausmachen, sind allerdings zum Theil aus Meisterschulen (Tharand, Eisenach), theils aus niederen Staatsforstschulen (Mariabrunn), theils aus der Nachbildung anderer Forst-Akademien (Münden, Nancy, Vallambrosa, Moskau), theils endlich aus Universitäten (Aschaffenburg, Neustadt-Eberswalde) hervorgegangen. Tharand, welches Lehrer aufzuweisen hat, die jeder Universität zur Zierde gereicht haben würden, hat nach 60jährigem Bestande den Uebergang zur Universität nicht nur nicht vollzogen, sondern ist vielmehr ganz kürzlich nach Abzweigung der landwirthschaftlichen Akademie auf breitester wissenschaftlicher Grundlage reorganisirt. Mariabrunn, Forstschule seit 1813, hat im vorigen Jahre durch sein Lehrer-Collegium gegen

---

*) G. Heyer in Sonst und Jetzt, Allg. F.- u. Jagdztg., Jahrg. 1862, p. 417.

eine organische Verbindung sowohl mit der Universität als mit dem Polytechnikum in Wien ausdrücklich Protest erhoben*), dessen Gründe auch, nach der kürzlich stattgefundenen Erweiterung der Forst-Akademie-Gebäude zu urtheilen, von der K. K. Staats-Regierung anerkannt sind. In Bayern und Preußen ist der forstliche Unterricht von der Universität auf die Forst-Akademie verlegt, obgleich in Berlin die Wirksamkeit ganz hervorragender Lehrer in den Fach-, Grund- und Nebenwissenschaften (Pfeil, Weiß, Rose, Turte, Hayne, Lichtenstein, Kluge, Hoffmann) mit einer sehr befriedigenden Vorbildung der Schüler zusammentraf, und weil dessen ungeachtet die Universität den Anforderungen einer tüchtigen forstlichen Ausbildung nicht entsprach. Daß man in Preußen nach den Erfahrungen, welche die forstliche Ausbildung von mehr als 1300 Studirenden innerhalb 42 Jahren in Neustadt-Ebw. geliefert hat, nicht gewillt ist, die Forst-Akademien aufzugeben, dürfte die Begründung der Forst-Akademie Münden zeigen, deren bedeutende Frequenz von Inländern und Ausländern ein gutes Zeugniß für die ungeschwächte Lebensfähigkeit der Forst-Akademien abgiebt. Als einen Anachronismus oder einen überwundenen Standpunkt wird man daher die Forst-Akademien in ihrer isolirten Stellung wohl nicht betrachten dürfen. Weit eher würde es nach dem Verlaufe der Geschichte berechtigt sein, den forstlichen Universitäts-Unterricht als eine Uebergangsstufe zu den Forst-Akademien anzusehen, so daß Gießen, wo sich der gegenwärtige Zustand nicht etwa aus der Forst-Akademie, sondern aus dem kameralistischen Forst-Unterricht entwickelt hat, der Schritt noch bevorstände, welcher von den übrigen Universitäten längst geschehen. Auch an Kundgebungen von Fachmännern, Staatsmännern und Männern der Wissenschaft zu Gunsten der Forst-Akademien fehlt es nicht. Pfeil, welcher neun Jahre lang der Universität als forstlicher Lehrer angehörte,**) Th. Hartig, seit 1838 Vertreter der Forstwissenschaft an der polytechnischen Schule zu Braunschweig***), von Berg, von 1845

---

*) Votum zur beabsichtigten Vereinigung der K. K. Forst-Akademie Mariabrunn mit der in Wien zu gründenden landwirthschaftlichen Hochschule. Wien 1871, p. 24.

**) Pfeil. Außer zahlreichen anderen Stellen: Krit. Bl. Band 38, Heft 1, 1856, wo die durch 34jährige Wirksamkeit als Lehrer gewonnenen Ansichten über forstliche Bildung und Unterricht niedergelegt sind.

***) Th. Hartig. System und Anleitung zum Studium der Forstwirthschaftslehre. 1858.

bis 1866 Direktor der land- und forstwirthschaftlichen Akademie Tharand*), Ratzeburg, dessen Urtheil durch eine 38jährige sehr anerkannte Wirksamkeit in Lehre und Fortbildung der Naturwissenschaften in ihrer Anwendung auf die Forstwirthschaft Gewicht erhält**), — von Hagen, ein Schüler der Forst-Akademie und der Universität, welcher als Chef der Forstverwaltung in Preußen ausreichende Gelegenheit hatte, ein Urtheil über die Leistungen der Forst-Akademien und der Universitäts-Vorbildung zu erlangen, — sie Alle und manche Andere stehen auf Seiten der Forst-Akademien. Für diejenigen Männer der Wissenschaft und Inhaber von Universitäts-Lehrstühlen, welche in der Universität allein den Hort für forstliche Ausbildung und Wissenschaft erkennen, möchten wir noch hinzufügen, daß es Alexander von Humboldt, der Heros deutscher Wissenschaft, und Wilhelm von Humboldt, der feingebildete Staatsmann und Gelehrte, Mitbegründer der Universität Berlin, gewesen sind, welche durch ihren Einfluß die Bedenken beseitigten, die hinsichtlich der Abzweigung der forstlichen Ausbildung von der Universität Berlin an maßgebender Stelle gehegt wurden, als die Gründung der Forst-Akademie Neustadt-Ebw. in Frage kam. Im Uebrigen erkennen wir an, daß Kontroversen auf wissenschaftlichem Gebiete nicht mit Autoritäten, sondern mit Gründen ausgetragen werden sollen. Untersuchen wir daher, welcher Art forstlicher Bildungs-Anstalten die besseren Gründe zur Seite stehen.

2. Die Unterrichts-Aufgabe der forstlichen Hochschulen.

Die Unterrichts-Aufgabe der forstlichen Hochschulen, welche der von denselben zu erfüllenden wissenschaftlichen Aufgabe zur Seite oder vielmehr voran steht und die von entscheidender Bedeutung für deren Organisation ist, erkennt ihr Ziel darin, die forstliche Theorie und die Art ihrer Anwendung in dem gesammten Umfange und auf dem kürzesten Wege zum vollen Verständnisse zu bringen. Die

---

*) von Berg. Sonst und Jetzt in der Monatsschrift für Forst- und Jagdwesen 1862. p. 174 — Allg. Forst- u. Jagdz. 1844. p. 23 — Staatsforstwirthschaftslehre 1850. p. 392, wo Forst-Akademien oder Forst- u. Landwirthschafts-Akademien empfohlen werden. Die entgegenstehenden Ansichten von Berg in von Wedekind's Jahrbüchern neueste Folge 1, 3 gehören einer früheren Zeit an.

**) In einem kurz vor seinem Tode, am 11. October 1871, geschriebenen Briefe bezeichnet Ratzeburg in der ihm eigenthümlichen lebhaften Weise die beabsichtigte Vereinigung der forstlichen Hochschule Bayerns mit dem Polytechnikum in München als „einen Mord" an der grünen Farbe.

Schule hat ihre Zöglinge mit der Befähigung zu entlassen, in dem erworbenen Wissen die Grundsätze und die Gründe für die Praxis der Wirthschaft und der Verwaltung aufzufinden. Dagegen ist es Sache der Praxis, nicht der Schule, Gewandtheit und Sicherheit in der kunstgerechten Anwendung der wirthschaftlichen und Verwaltungs-Theorie durch Uebung hervorzubringen. Die Schule vermittelt das Wissen, dessen Verständniß bei technischen Wissenschaften durch einen der Schule vorangehenden practischen Unterricht erleichtert wird, — die der Schule nachfolgende Praxis das Können.

In dieser Auffassung der von der Schule zu lösenden Unterrichts-Aufgabe dürfte sich gegenwärtig die Mehrheit der Ansichten vereinigen. Namentlich wissen wir uns gerade in diesem Punkte in einer erfreulichen Uebereinstimmung mit den Männern der reinen Wissenschaft, welche die Trennung der wissenschaftlichen und der practischen Ausbildung mit Entschiedenheit verlangen. Allerdings fehlt es nicht an entgegenstehenden Ansichten, welche der Unterrichts-Aufgabe der forstlichen Hochschulen ein weiteres Ziel stecken. Es gehört dahin zunächst die von G. Heyer*) vertretene Ansicht, nach welcher der forstlichen Hochschule und zwar der Universität mit Beseitigung des Lehrjahrs und des auf die Schule folgenden practischen Bildungskursus nicht allein die theoretische, sondern auch die practische Ausbildung, nicht allein der Anschauungs- sondern auch der Ausführungs-Unterricht überwiesen werden soll. Es liegt außerhalb der Grenzen unserer Aufgabe, hier die Gründe für die der Schule vorhergehende Lehrzeit ausführlich zu entwickeln.**) Nach unserm Dafürhalten bildet die Lehrzeit bei richtiger Auswahl der Lehrreviere und der Lehrherren ein wichtiges Glied in dem forstlichen Bildungsgange, hauptsächlich deshalb, weil sie die erste Bekanntschaft mit dem Walde und der Waldwirthschaft vermittelt, weil sie Waldbilder schafft, an die sich auf der Schule das Verständniß und die Begriffe anschließen, weil sie dem angehenden Forstmanne einen Einblick in den künftigen Beruf mit seinen Entbehrungen und Strapazen, aber auch mit seinen Vorzügen und Genüssen eröffnet, von unpassender Berufswahl rechtzeitig zurückhält, die Liebe zum Berufe erweckt und befestigt und durch Gewöhnung an Strapazen ohne

---

*) G. Heyer. Ueber den practischen Unterricht in der Forstwissenschaft. Allg. F.- u. J.-Zeitung 1858. p. 253 sq. Die Abhandlung enthält viel Beachtungswerthes.

**) Wir verweisen in dieser Beziehung auf „Bernhardt, Gedanken über das Forstunterrichtswesen in Preußen" im IV. Bande 1. Hefte dieser Zeitschrift.

Rücksicht auf Wind und Wetter ein Stück forstlicher Erziehung vollbringt. Was sodann die practische Durchbildung auf der forstlichen Hochschule angeht: so sind wir darin mit Heyer ganz einverstanden, daß daselbst neben dem Anschauungs-Unterrichte der Ausführungs-Unterricht nicht fehlen darf, jedoch mit der Beschränkung, daß derselbe auf das Verständniß, nicht auf Einübung gerichtet ist. Eine weiter gehende, die Erlangung practischer Fertigkeit einschließende oder gar abschließende und die practische Lernzeit in Wirthschaft und Verwaltung ausschließende Ausdehnung des Ausführungs-Unterrichts auf der Forstschule hieße der letzteren eine unlösbare Aufgabe und vergebliche Mühe aufbürden. Nur in selbstthätiger, längere Zeit währender Anwendung der erworbenen Theorie, unter vielseitigen, verschiedenen Wirthschafts- und Verwaltungs-Verhältnissen, wie sie der Schule gar nicht zur Verfügung stehen, ist die practische Schulung für das Leben zu erlangen. Im Uebrigen dürfte die Universität der am wenigsten geeignete Ort für practische Durchbildung sein.

Von anderen Seiten wird als wesentlicher Theil der den forstlichen Hochschulen obliegenden Unterrichtsaufgabe die Förderung der allgemeinen Bildung hervorgehoben. Man kann darunter zweierlei verstehen, einerseits die formale Geistesbildung, andererseits denjenigen Umfang des Wissens, welcher von einem gebildeten Manne verlangt werden muß. Es kann nicht zweifelhaft sein, daß die höheren Forstschulen sich die formale Bildung, d. h. die Entwickelung der geistigen Fähigkeiten angelegen sein lassen müssen. Dies Ziel hat jede Hochschule durch die Methodik des Unterrichts zu verfolgen. Sie würde den Namen nicht verdienen, den sie trägt, der Unterricht würde zu einer geistlosen Abrichtung herabsinken, wenn sie jenes Ziel außer Acht ließe und sich damit begnügte, eine Lernschule anstatt einer Denkschule zu sein. Formale Bildung muß auf die forstlichen Hochschulen mitgebracht werden. Ihre Weiterförderung ist ein selbstverständliches Zubehör, aber kein specifischer Bestandtheil der forstlichen Unterrichts-Aufgabe. Ebensowenig vermögen wir es als Ziel der letzteren anzuerkennen, ihren Zöglingen die dem Standpunkte allgemeiner Bildung entsprechende Vielseitigkeit des Wissens zu verschaffen. Auch diese muß als Aufnahme-Bedingung verlangt werden. Im Uebrigen bietet vielleicht keine andere Fachwissenschaft Gelegenheit, die Vielseitigkeit des Wissens in gleichem Grade zu fördern, wie die Forstwissenschaft. Die Vielheit des Wissens, welches von dem Forstmanne verlangt werden muß, weist viel mehr auf die Gefahr der Vielwisserei auf Kosten gründlichen Wissens hin, als auf den Mangel vielseitiger Ausbildung. Aus diesem Grunde halten wir es auch nicht für gerechtfertigt, Wissenszweige, wie z. B. Landwirthschaftslehre, Wiesenbau, Obstbau, die in einer verwandten, aber in keiner nothwendigen Beziehung zum forstlichen Wissen stehen, in den Kreis der forstlichen Unterrichts=Gegenstände hineinzuziehen, wie solches z. B. in dem neuesten Organisations=Plane der Forst=Akademie Tharand vom 14. December 1871 (allerdings nicht obligatorisch) und in dem Unterrichtsplane der Forstschule auf dem Polytechnikum zu Carlsruhe vorgesehen ist.

Begrenzt man die forstliche Unterrichtsaufgabe dahin, die forstliche Theorie und die Art ihrer Anwendung zum vollen Verständnisse zu bringen, so entsteht die weitere Frage, auf welche Gegenstände sich die theoretische Unterweisung zu erstrecken hat und in welchem Umfange die einzelnen Wissenszweige zu lehren sind.

Ueber die Gegenstände des forstlichen Unterrichts herrscht im Wesentlichen Uebereinstimmung der Ansichten. Es umfaßt derselbe die Fachwissenschaften und Fertigkeiten, welche in der forstlichen Wirthschaft und Verwaltung unmittelbar zur Anwendung kommen, ferner die Grundwissenschaften, welche die Grundlage der Fachwissenschaften bilden und sich in Naturwissenschaft, Mathematik, Wirthschaftswissenschaften gliedern, endlich die Nebenwissenschaften (Rechtskunde, Baukunde, Jagdkunde), deren Kenntniß zwar nicht durch das Wesen der Forstwirthschaft, wohl aber durch die Berührung derselben mit anderen Wirthschaftszweigen nach dem heutigen Stande des forstlichen Wirkungskreises bedingt wird.

Eine gleiche Gemeinsamkeit der herrschenden Ansichten besteht hinsichtlich der zweiten Frage über den Umfang des Unterrichts in den einzelnen Wissenszweigen nicht. Da dieselbe von fundamentaler Wichtigkeit für die Organisation des Unterrichts ist, so wird es nothwendig, diesen Gegenstand einer eingehenderen Erörterung zu unterziehen. Unbestritten ist auch hier, daß die Fachwissenschaften in ihrem ganzen Umfange gelehrt werden müssen. Unbestreitbar dürfte ferner sein, daß die Nebenwissenschaften, auf welche sich das Fachwissen nicht unmittelbar stützt, nach dem practischen Bedürfnisse, wie es sich in Forst=Wirthschaft und Verwaltung herausstellt, einzuschränken sind. Wenigstens ist unsers Wissens von sachverständiger Seite die Forderung noch nicht gestellt worden, daß die Forstleute gewiegte Juristen oder vollendete Bautechniker sein sollen, obgleich es an Forstleuten nicht fehlt, die sich auf ihre ange=

lernte Jurisprudenz etwas zu Gute thun und keinen Augenblick anstehen, über die schwierigsten Rechtsmaterien in tiefsinnige Erörterungen einzutreten. Es ist das eben die Signatur des Halbwissens, welches sich heuzutage aller Orten breit macht. Der wesentliche Gegensatz der herrschenden Ansichten liegt in den Grundwissenschaften, der Kernpunkt des Streits in der Frage, ob dieselben in ihrem ganzen Umfange, oder ob sie in einer durch die Fachwissenschaften angezeigten Beschränkung gelehrt werden sollen.

Seitdem von Liebig mit seiner gewichtigen Stimme sich gegen die landwirthschaftlichen Akademien ausgesprochen hat, ist es in manchen Kreisen üblich geworden, als Bedingung für das volle Verständniß einer Wissenschaft hinzustellen, daß sie ganz und ungetheilt gelernt und nicht nach dem practischen Bedürfnisse beschnitten und zugestutzt werde*). Diese Ansicht muß als berechtigt anerkannt werden für den künftigen Forscher und Lehrer der Wissenschaft, welcher dieselbe um ihrer selbst willen, nicht wegen ihrer Anwendung betreibt. Sie ist unseres Dafürhaltens unbegründet und unhaltbar in Ansehung derjenigen Schüler, welche die Wissenschaft oder vielmehr eine Anzahl von Wissenschaften als Grundlage für technische Berufsbildung erlernen, unhaltbar schon deshalb, weil die physische Unmöglichkeit entgegensteht. Es kann nicht im Ernste gemeint sein, daß der Forststudent außer dem eigentlichen Fachwissen auch dessen Grundlagen, die Naturwissenschaften, die mathematischen und die Wirthschafts-Wissenschaften „ganz und ungetheilt" erlernen soll, Wissenschaften, die zum Theile derartig angewachsen sind, daß kein Kopf im Stande ist, auch nur eine einzelne derselben ganz zu erfassen. Ein derartiges Studium würde das Gegentheil von demjenigen erzielen, was erzielt werden soll. Es würde einen Wust von ungeordnetem Wissen aufhäufen und den Gedanken, das Verständniß vernichten. Deshalb ist Beschränkung geboten, insoweit, als es das Verständniß der forstlichen Theorie zuläßt und erfordert. Zum Verständnisse aber ist nothwendig, daß die Theorie des Hauptfachs sich überall zurückführen läßt und begründet auf die Grundwissenschaften; es ist überflüssig, ja mit Rücksicht auf die Vielheit der Grundwissenschaften schädlich, den Unterricht in diesen auf Specialitäten zu erstrecken oder bis zu Höhengraden zu führen, mit

---

*) Birnbaum. Die Universitäten und die isolirten landwirthschaftlichen Lehr-Anstalten. 1862. p. 18. — G. Heyer Allg. Forst- und Jagdzeitung 1862. p. 415.

denen das Hauptfach in Wissenschaft, Wirthschaft und Verwaltung Nichts zu schaffen hat. Andererseits ist es unerläßlich, in den durch das Hauptfach angezeigten Richtungen tiefer in die Specialitäten der Grundwissenschaften einzubringen, als es bei einem allgemeinen, auf das Fachwissen nicht bezogenen Unterrichte geschieht. Denselben Gedanken geben Thaer*) und Baumstark**) für den landwirth= schaftlichen Unterricht Ausdruck, indem sie den Zuschnitt, d. i. je nach dem Bedürfnisse des landwirthschaftlichen Fachwissens eine Abkürzung oder Erweiterung der Grundwissenschaften beim Unterrichte verlangen. Der Umfang des Unterrichts ist somit durch den Berufszweck be= dingt, die Behandlung der Grundwissenschaften und ihrer Theile nothwendig eine ungleichartige, aber sie soll stets eine wissenschaft= liche, d. h. eine systematische, auf Erkenntniß des Wissens gerichtete und auf der Höhe der Wissenschaft befindliche sein. Wer in diesen Anforderungen einen Gegensatz oder, wie man es wohl darzustellen beliebte, eine Mißachtung und Entweihung der Wissenschaft sieht, der unterscheidet unseres Erachtens nicht zwischen den verschiedenen Zielen, welche die Ausbildung für die Wissenschaft und für einen technischen Beruf vorschreibt.

Diese Auffassung ist maßgebend für die Wahl der forstlichen Unterrichts-Anstalten. Sie enthält das Princip der Fachschule, d. h. des nach dem Bedürfnisse der Fachwissenschaft bemessenen, theils be= schränkten, theils erweiterten Unterrichts in den Grundwissenschaften. Dasselbe findet, wenigstens nach der gegenwärtigen Organisation der allgemeinen Hochschulen, auf den Universitäten gar keine, auf den polytechnischen Schulen mit ihrem für eine Mehrzahl von Fach= schulen gemeinsamen Unterricht nur eine beschränkte Berücksichtigung. Ein Blick in die Verzeichnisse und Stundenzahl der Vorlesungen auf den bestehenden allgemeinen Hochschulen mit forstlichem Unter= richte wird dies darthun.

---

*) Thaer. Rationelle Landwirthschaft. 1809.
**) Baumstark. Ueber staats- und landwirthschaftliche Akademien und deren Verbindung mit Universitäten. 1839.
***) Die Angaben der nachfolgenden Zusammenstellung sind den neuesten Unter= richtsplänen entnommen. Für Zürich stand die Stundenzahl nicht zu Gebote.

— 15 —

Grundwissenschaften.	Gießen Wochenstunden.	Carlsruhe. Wochenstunden.	Carlsruhe. Fachschulen, die am Unterrichte Theil nehm.	Braunschweig. Wochenstunden.	Braunschweig. Fachschulen, die am Unterrichte Theil nehm.	Zürich. Fachschulen, die am Unterrechte Theil nehm.
Naturwissenschaften.						
Experimental-Physik....	6	4	F. Ch. L.	5	M.B.H.Ch. Ph.F.L.E.	
Mechanik.............	6	3	F.			
Meteorologie.........				1	F. L.	
Anorganische Chemie...	7½	4	Ma. B. Ch. F. L.	5	M.B.H.Ch. Ph. F. L.	Ch. F. L. Fa.
Organische Chemie.....	4½	4	desgl.	5	desgl.	
Practicum im chemischen Laboratorium.......	6 Woch. tage	in frei. Stund.			H. Ch. Ph. F. L.	
Agrikultur-Chemie......		2	Ch. F. L.			F. L.
Mineralogie...........	5	4	Ma. M. B. Ch. F. L.	5	B. H. Ph. F. L.	
Petrographie..........						B. I. F. L.
Geologie.............	5	4	Ma. M. B. Ch. F. L.	5	B. H. F. L.	B. I. Ch. E. L.
Botanik.............	5	3	Ch. F. L.	5	Ch Ph F L	
Pflanzenphysiologie.....	4	3	Ch. F. L.		F.	
Pflanzengeographie.....		1	Ch. F. L.			
Forstbotanik..........					F.	F. L. Oekonom. Bot.
Mikroskopie..........		2	Ch. F. L.			
Mikroskopisches und physiologisches Practicum	5	12	F. L.			
Zoologie.............	6	3	Ch. F. L.	5	Ph. F. L.	
Forstinsecten.........					F.	F.
Mathematik.						
Elementar-Mathematik in mehreren Vorträgen..		14	F. L.	15	M. B. H. Ch. F.	F. L.
Differential- u. Integralrechnung...........	4	3	F.			
Analytische Geometrie ..	4	3	F.			
Practische Geometrie....	3	3	I. F. L.	8	M. B. H. F. L.	
Wirthschaftswissenschaften.						
Allgem. Wirthschaftslehre	4	3	I. Ma. B. Ch. F. L.			I. Me. F. L.
Finanzwissenschaft.....	5	2	desgl.			F. L.
Polizeiwissenschaft.....	5					
Staatsforstwirthschaftsl.					F.	F.

Anmerkung. Es bedeuten B. Bauschule, Ch. Chemische Schule, E. Eisenbahnschule, F. Forstschule, H. Hüttenfachschule, I. Ingenieurschule, L. Landwirthschaftsschule, M. Maschinenbauschule, Ma. Mathematische Schule, Me. Mechanische Schule, Ph. Pharmazeutische Schule.

Man braucht nicht Forstprofessor zu sein, um zu erkennen, daß diese, nur einen Theil des forstlichen Wissens umfassenden Unterrichts=Einrichtungen dem forstlichen Bedürfnisse nicht entsprechen, mithin nicht practisch sind. Dieselben geben theils zu viel, theils zu wenig in Gegenstand und Umfang des Unterrichts. Das richtige Maß ist nur ausnahmsweise eingehalten. Zu viel ist der Vortrag in Differential=, Integral=Rechnung und analytischer Geometrie. Wo in aller Welt kommt der Forstmann in die Lage, davon Gebrauch zu machen? Die Thatsache, daß einzelne der mathematischen Richtung angehörige Lehrer sich derselben bei ihren Veröffentlichungen bedienen, kann doch unmöglich die Forderung begründen, diese Disciplinen in den Kreis des forstlichen Unterrichts zu ziehen. Was für den Lehrer nothwendig ist, und wir halten es für eine Nothwendigkeit, daß der mathematische Lehrer an den forstlichen Hochschulen die genannten Fächer beherrscht, ist es deshalb noch nicht für den Schüler. Wo soll derselbe die Zeit hernehmen, um sich gründliche Kenntniß und Uebung in der höheren Mathematik anzueignen? Ein blos flüchtiges Vorbeistreifen genügt doch in der Mathematik am allerwenigsten. Man möge dafür sorgen, daß die Studirenden Sicherheit in der Anwendung der elementaren Mathematik und in der practischen Geometrie erlangen. Hier liegt der Mangel, welcher zu beseitigen ist, nicht in dem Mangel der Kenntnisse in der höheren Mathematik.

Zu viel dünkt uns ferner für den Studirenden der Forstwissenschaft ein chemisches Practicum im Laboratorium, wenigstens als obligatorischer Gegenstand des Unterrichts. Mit chemischen Arbeiten hat sich der ausübende Forstmann nicht zu befassen. Derselbe bedarf zu seiner wissenschaftlichen Ausbildung des Studiums der Chemie nur, um die Lehren der Bodenkunde, der Pflanzen=Physiologie, der Forsttechnologie zu verstehen und die darauf beruhenden Wirthschaftslehren in ihren Gründen zu erkennen. Ein chemisches Practicum würde nur dann nothwendig sein, wenn das Verständniß der Chemie dadurch bedingt würde. Dies ist indessen so wenig der Fall, daß von Liebig das Arbeiten im Laboratorium nur dann für fruchtbringend erklärt, wenn das Verständniß der Theorie bereits erlangt ist. Den Einwand, daß nichts geeigneter sei, um die verstandenen Lehren zu befestigen und die erlangte Erkenntniß zu erweitern, als selbstständige Arbeiten, erwarten wir nicht. Es würde darauf zu erwiedern sein, daß ein chemisches Practicum, wenn es den erwarteten Nutzen bringen soll, einen sehr großen Zeitaufwand erfordert, der nicht im Verhältnisse steht zu der Stellung, welche die Chemie im forstlichen Unterrichte einnimmt. Zu viel scheint es uns ferner zu sein, wenn 3 Wochenstunden auf Mechanik, 4 bis 5 Stunden auf organische Chemie, 4 bis 5 Stunden auf Mineralogie, 4 bis 5 Stunden auf Geologie, 12 Stunden auf mikroskopische und physiologische Uebungen beim forstlichen Unterrichte verwendet werden. Man wolle uns nicht mißverstehen. Wir sind weder der Meinung, daß man zu viel lernen könne, noch auch, daß man zu lernen jemals aufhören solle. Aber Eines schickt sich so wenig für Alle, wie Alles für Einen. Wir halten es für eine Unmöglichkeit, daß hervorragende Befähigung und angestrengter Fleiß das von der Universität und den polytechnischen Schulen gebotene Material in den forstlichen Grundwissenschaften zu verarbeiten vermöge. Da aber nur verdautes Wissen Werth hat, und zwar auf angestrengten Fleiß, aber nur auf mittlere Begabung gerechnet werden darf, so halten wir den von den allgemeinen Hochschulen thatsächlich eingeschlagenen Weg für einen Abweg oder mindestens für einen Umweg in dem Streben, eine tüchtige wissenschaftliche Fachbildung zu verschaffen In dieser Auffassung bestätigt uns die Wahrnehmung, daß die Grundwissenschaften anscheinend um so weniger Berücksichtigung auf den allgemeinen Hochschulen finden, in je näherer Beziehung sie zum Walde stehen. Wir haben dabei namentlich Forstbotanik und forstliche Entomologie im Auge. Es mag sein, daß die Lücken in dieser Hinsicht von den Fachlehrern in Waldbau und Forstschutz ergänzt werden. Nach Lage der Sache ist dies auch das Angemessenste, weil die Vertreter der Grundwissenschaften auf den allgemeinen Hochschulen dem Walde absolut fremd gegenüber stehen und weil Verständniß des Lehrers doch immer eine Grundbedingung für das Verständniß des Schülers ist. Dennoch, meinen wir, ist es zu beklagen, daß die Wissenschaft vom Walde mit seinem reichen, vielgestaltigen, allerdings nicht auf dem Katheder und in den Museen zu erlernenden Naturleben den Lehrern der Naturwissenschaften für den künftigen Waldwirth völlig abgeht. In Braunschweig sind jene Fächer zwar vertreten und zwar befinden sie sich dort in den besten Händen. Allein der Forstrath Hartig hat außer denselben und außer Pflanzen-Physiologie beinahe alle wichtigen forstlichen Vorlesungen, dazu Forstpolizei und Staatsforst-Wirthschaftslehre in wöchentlich 14 Stunden zu halten, wohl die schwierigste Aufgabe, die irgend einem Professor irgend einer forstlichen Hochschule obliegt. In Zürich ist der forstliche Unterricht nach Gegenstand und

Umfang dem forstlichen Bedürfnisse mehr angepaßt. Die dortigen Einrichtungen nähern sich auch insofern mehr dem Principe der Fachschule, als Forst- und Landwirthschaftsschule kürzlich einander organisch näher, als den übrigen Fachschulen gebracht sind. Indessen selbst auf den Doppelfachschulen für Forst- und Landwirthschaft kann die forstliche Unterrichtsaufgabe unseres Dafürhaltens ihrem Ziele nicht auf dem geradesten Wege entgegengeführt werden, weil ungeachtet einer gewissen Gemeinsamkeit in allen Grundwissenschaften die Grenzen beinahe einer jeden derselben für Forst- und Landwirthe wesentlich verschiedene sind. Wer deshalb das Princip der Begrenzung in den Grundwissenschaften nach Maßgabe der Fachwissenschaft anerkennt, der wird nicht umhin können, den Forst-Akademien den Vorzug zu geben. Allerdings ist dieser Vorzug durch den Vorbehalt bedingt, daß auf den Forst-Akademien von jener Begrenzung auch wirklich Gebrauch gemacht wird. Bei einem Programme, wie es kürzlich von der Forst-Akademie Mariabrunn veröffentlicht ist*), wonach für Mechanik 10, für allgemeine Maschinenkunde 3, für mechanische Technologie 4, für allgemeine Chemie 11, für chemisches Practicum 18, für chemische Technologie 3 Wochenstunden als wünschenswerth bezeichnet werden, sind jene Grenzen weit überschritten.

3. Der Unterrichtsplan.

Die forstliche Unterrichts-Aufgabe, welche Gegenstand und Umfang des Unterrichts abgrenzt, wird verwirklicht durch den Unterrichtsplan. Wissen und Fertigkeiten sollen durch denselben in der kürzesten Zeit zum Verständnisse und Eigenthume der Studirenden gebracht werden. Systematik, Methode und Dauer des Unterrichts dienen diesem Zwecke.

Für die Systematik des wissenschaftlichen, nicht des elementaren oder empirischen Unterrichts gilt als pädagogischer Grundsatz, das Einfache dem Zusammengesetzten, das Allgemeine dem Besonderen, die Theorie der Anwendung, die Grundwissenschaften den Fachwissenschaften voran zu schicken. Systemlosigkeit beim Unterrichte ist Zeitverlust, weil das Verständniß dadurch erschwert wird. Wie es keine Wissenschaft giebt ohne System und die systematische und begriffliche Durchbildung einen Maßstab darbietet für den Höhepunkt einer Wissenschaft: so ist auch die Tüchtigkeit des wissenschaftlichen Unterrichts abhängig von seiner systematischen Anwendung

---

*) In der oben angeführten Brochüre. Votum 2c. Wien 1871.

sowohl in den einzelnen Disciplinen, als in der Reihenfolge, in welcher sie gelehrt werden. Man wird daher beispielsweise Pflanzen-Physiologie auf Chemie, Standortslehre auf Chemie, Physik und Meteorologie, Forstschutz auf Entomologie folgen lassen, ebenso wie Forsteinrichtung und Waldwerthberechnung sich zweckmäßig auf Vorkenntnisse in der Mathematik und in der allgemeinen Wirthschaftslehre zu stützen haben. Gewisse Fachwissenschaften z. B. Forstgeschichte, ferner sämmtliche Nebenwissenschaften und Fertigkeiten gestatten eine größere Freiheit bei der Einfügung in das Unterrichts-System.

Außerdem erleidet die Durchführung jenes, die Systematik des Unterrichts im Allgemeinen beherrschenden Gedankens einige durch die Natur der Dinge und durch pädagogische Gesichtspunkte gebotene Einschränkungen. Zunächst sind gewisse Vorträge, z. B. Forstbotanik, Ornithologie, an die Jahreszeit gebunden. Sodann erscheint es nicht unwichtig, die Studirenden in ununterbrochener Berührung mit dem Fachwissen zu halten, um der Ablenkung und Entfremdung von der eigentlichen Berufsbildung und der darin wurzelnden überwiegend theoretischen Richtung entgegenzuwirken, welche durch einen lange Zeit fortgesetzten ausschließlichen Unterricht in den Grundwissenschaften leicht herbeigeführt wird. Endlich dient es zur Erhöhung des Interesses und des davon abhängigen Erfolges, wenn in dem Unterrichte der Grundwissenschaften die Beziehungen zum Fachwissen, nicht allein bezüglich des Umfangs des Vortrags, sondern auch in der Wahl der Beispiele, durch Hinweis auf die fachliche Anwendung gepflegt werden. Eine strenge Durchführung des Princips, das Besondere dem Allgemeinen, das Fachliche den Grundwissenschaften folgen zu lassen, schließt diese Rücksichten aus, die dem Verständnisse in gleichem Maaße dienen, wie die Regel, welche sie nicht aufheben, sondern einschränken. Aus diesem Grunde erscheint uns die Einrichtung, wie sie beispielsweise an dem Polytechnikum zu Carlsruhe besteht, wo die Studirenden in den ersten beiden Jahren mit dem Fachwissen in gar keine Berührung kommen, sondern sich ausschließlich dem Studium der Grundwissenschaften widmen, keine ganz zweckmäßige zu sein. Daß die Systematik des Unterrichts in dem Maße mehr die angedeutenden Grundsätze und Gesichtspunkte zu berücksichtigen vermag, je weniger Rücksicht auf Studirende anderer Berufsfächer genommen zu werden braucht, dürfte nicht zweifelhaft sein.

Die Methode des Unterrichts bedient sich des Vortrags, der

Demonstration, der Ausübung und der Examinatorien. Der Vortrag ist an gute Lehrbücher anzuschließen, um das Nachschreiben zu beschränken und das Selbststudium zu erleichtern. Der demonstrative Unterricht (Anschauungs=Unterricht) bedarf Sammlungen und botanischer Gärten, der Ausübungs=Unterricht des Waldes. Daß diese wichtigen Lehrmittel auf den Forst=Akademien ihren Zweck vollkommener erfüllen, als auf den allgemeinen Hochschulen, wird später nachgewiesen werden. Der Ausübungs=Unterricht bezweckt in den Fachwissenschaften Verständniß, in den Fertigkeiten Einübung. Soweit die Uebung der Fertigkeiten im Walde erlangt wird, z. B. bei Forstvermessungen, verdienen die in der Nähe des Waldes errichteten Forstschulen, die Fachschulen, den Vorzug. Examinatorien dienen dem Lehrer zur Vervollkommnung der Unterrichts=Methode, dem Schüler zur Befestigung und Ergänzung des Wissens. Ihren vollen Nutzen haben sie nur da, wo der Lehrer im Stande ist, auf die Individualität des Schülers Rücksicht zu nehmen, was nur dann möglich ist, wenn die Zahl der Studirenden nicht zu groß ist und sie längere Zeit den Unterricht desselben Lehrers genießen. Auf Universitäten und polytechnischen Schulen bietet sich dazu die Gelegenheit bezüglich des Unterrichts in den Grundwissenschaften nicht, sofern daran zahlreiche Studirende verschiedener Berufskategorien Theil nehmen.

Die Dauer des Unterrichts muß so bemessen sein, daß Ueberbürdung, welche ermüdet, ausgeschlossen ist und Zeit zum Selbststudium, welches das Wissen zum Eigenthum macht, verbleibt. Innerhalb dieser Grenzen, welche mit Rücksicht auf andauernden Fleiß und mittlere Befähigung gezogen werden müssen, ist jede Abkürzung der Unterrichtszeit Gewinn. Die Dauer derselben ist abhängig von Art und Grad der Vorbildung, von der Gleichartigkeit der angestrebten Ausbildung und von der Begrenzung der Unterrichtsaufgabe nach Gegenstand und Umfang. Offenbar gestatten nach allen diesen Richtungen hin die Forst=Akademien die kürzeste Unterrichtszeit. Dieselben dürften demnach in Bezug auf System, Methode und Dauer des Unterrichts den Anforderungen, welche durch Verständniß und Aneignung des Wissens bedingt werden, mehr entsprechen, als die Doppelfachschulen und allgemeinen Hochschulen.

4. Die Lehrer der forstlichen Hochschulen

Zu Gunsten der Universitäten wird angeführt, daß sie die Koryphäen der Wissenschaft beherbergen, welche durch Umfang des Wissens, hervorragenden Geist, vollendeten Vortrag und ausgezeichnete Lehr=Methode einen mächtigen Einfluß auf die Studirenden ausüben, und sich in dem Mittelpunkte der Wissenschaften und ihrer Vertreter die geistige Frische bis in das Alter bewahren, welche den Erfolg des Unterrichts verbürgt. Denselben Vorzug nehmen die polytechnischen Schulen für sich in Anspruch. Es hieße die hohe Bedeutung, wenigstens der deutschen Universitäten, verkennen, wenn man diesen Vorzug bestreiten oder abschwächen wollte, obgleich längst nicht alle Universitäts=Lehrer Celebritäten sind und sich von geistiger Veralterung frei halten. Man kann auch einräumen, daß die polytechnischen Schulen auf ihrem Gebiete mit den Universitäten in der Tüchtigkeit der Lehrer wetteifern. Damit allein ist indessen die Frage noch nicht entschieden, ob die Lehrer der allgemeinen Hochschulen den Anforderungen am besten entsprechen, welche im Interesse des forstlichen Unterrichts gestellt werden müssen. Diese Anforderungen sind dreierlei Art. Der Lehrer an einer forstlichen Hochschule muß jederzeit auf der Höhe der Wissenschaft stehen, die er vertritt, — er muß die Lehrgabe besitzen, welche durch Individualität und Uebung bedingt wird, er muß endlich in die Eigenthümlichkeiten der Waldwirthschaft eingedrungen sein, auf welche sich seine Lehrthätigkeit mittelbar oder unmittelbar bezieht. Man wird nicht behaupten wollen, daß in der Organisation und in der Isolirung der forstlichen Fachschulen ein Hinderniß liegt, den beiden ersten Erfordernissen gerecht zu werden. Sollte es dennoch geschehen, so läßt sich aus Vergangenheit und Gegenwart in glänzender Weise der Gegenbeweis führen. Beherrschung der Wissenschaft und Docirgabe sind kein Privilegium der Universitäten. Ebenso wenig ist die Thatsache, daß die meisten hervorragenden Lehrer der Forst=Akademien ihre Ausbildung zum Theile den Universitäten zu verdanken haben, geeignet, die Forst=Akademien in ein ungünstiges Licht zu stellen. Man kann die Ausbildung forstlicher Fachlehrer, welcher die Organisation der Forst=Akademien durchaus nicht entgegensteht, auf letzteren mehr als bisher begünstigen. Zu den wesentlichen Aufgaben derselben gehört aber die Lehrerbildung nicht. Die Lehrer der forstlichen Hochschulen werden nach wie vor der Regel nach einen Theil ihrer Ausbildung auf den Universitäten oder auch auf den polytechnischen Schulen zu erwerben haben. Nicht die gesammte Ausbildung. Die Bekanntschaft mit dem Walde, das dritte und nicht das unwichtigste Erforderniß eines tüchtigen Lehrers des Forstfachs und der Grundwissenschaften auf den forstlichen Hochschulen, lernt sich auf der Universität und dem Polytechnikum nicht. Sie wird dort weit eher verlernt. Diese unerläßliche Eigenschaft muß auch der Lehrer in den Grundwissenschaften auf den Lehrstuhl mitbringen, oder er muß sich dieselbe durch Studium im Walde und durch den Verkehr mit den forstlichen Fachlehrern nachträglich erwerben. Auf den forstlichen Fachschulen ist letzteres thunlich, auf den allgemeinen Hochschulen zum Mindesten in hohem Grade unwahrscheinlich und seither, soviel bekannt, in keinem Falle erreicht. Der Wald, zu dessen rationeller Bewirthschaftung die Lehrer der Grundwissenschaften wenigstens mittelbar die Grundlage legen sollen, bleibt diesen Herren zeitlebens ein verschlossenes Buch, ein unbekanntes Land. Sie beherrschen und erfinden Systeme, sie bereichern die Wissenschaft mit neuen Namen, Elementen und Arten, sie sind Meister in der Handhabung des Mikroskops und des Secirmessers, sie bringen ein durch subtile Beobachtung und exacte Versuche in die bisher verborgenen Gesetze der Natur. Groß und bedeutungsvoll waren und sind ihre Leistungen auf dem Gebiete der Wissenschaft; — aber das Naturleben im Walde, das Leben der Bäume und Thiere, die Oekonomie des Wildes, der Vögel und der Insecten, die sie zwar ausgestopft, secirt und aufgespießt kennen, im Walde aber, beim Laufen, Fliegen oder Singen kaum wiedererkennen, sind und bleiben ihnen fremd. Und doch ist es ihre Aufgabe, eine so dankbare Aufgabe, den künftigen Wirthschaftern im Walde das Naturleben in demselben zu erschließen. Oder will man den naturwissenschaftlichen Unterricht über Waldbäume, Waldvögel, Waldinsecten, Waldboden den Forstlehrern der allgemeinen Hochschulen übertragen? Es bleibt in der That nichts Anderes übrig, wenn man dem Uebelstande begegnen will, daß die Schüler von der Natur des Waldes ebenso wenig wissen, als die Lehrer Man hat dann auch an den allgemeinen Hochschulen dies Auskunftsmittel ergriffen, einen Theil der Grundwissenschaften von ihrer natürlichen Verbindung gelöst, sie durch den Zusatz „Forst" z. B. Forstbotanik, Forstentomologie äußerlich zu Fachwissenschaften gestempelt und ruhig dem Fach=Unterrichte überwiesen. Formal ist damit die Sache völlig in Ordnung. Daß damit aber zugleich der Sache gedient sei, darüber wollen wir den Nachweis erwarten.

Eine nicht zu unterschätzende Schwierigkeit und ein häufig empfundener Uebelstand liegt in der Gewinnung und Erhaltung tüchtiger Lehrkräfte bei den forstlichen Fachschulen. Die allgemeinen Bildungs-Anstalten, namentlich die Universität, üben unleugbar eine größere Anziehungskraft, wenigstens für die Lehrer der Grundwissenschaften, als die Specialschulen, um so mehr, je weniger die Lehrer vermöge ihrer Vorbildung dem Walde nahe gestanden haben. An Mittelgut, welches die Forst-Akademien zu Grunde richtet, wird niemals Mangel sein. Tüchtige Kräfte suchen die Akademien wohl auf, um rasch zu Titel und Auskommen zu gelangen, wenden denselben aber leicht den Rücken, wenn sie Beides erreicht und bei der Universität eine gleich gute oder bessere Stellung zu erwarten haben. Für den Beruf als forstliche Fachlehrer bilden sich Wenige von vorn herein aus und von den Wenigen schlägt nicht jeder den richtigen Weg ein. Es tritt daher beinahe regelmäßig bei der Vacanz von Lehrerstellen an forstlichen Fachschulen ein Nothstand ein, der Veranlassung zu Fehlgriffen geben kann. Das Correctiv liegt in reichlicher Besoldung, in guter Ausstattung der Anstalt mit wissenschaftlichen Hülfsmitteln und in der Heranziehung von befähigten jungen Forstleuten, welche die Liebe zum Walde festhält, für den Lehrerberuf. Dieselben würden sich nach Beendigung der forstlichen Studien und Prüfungen auf der Universität die wissenschaftliche Qualification für das Lehrfach zu erwerben haben und dann bei der Forst-Akademie Gelegenheit zur Verwendung beim Unterrichte und forstlichen Versuchswesen finden. Entsprechen sie dort den hoch zu stellenden Anforderungen nicht, welche der Lehrer erfüllen muß, so würden sie in der Verwaltung Verwendung finden und hier von den erworbenen theoretischen Kenntnissen einen sehr nützlichen Gebrauch machen können. Für die forstlichen Fachlehrer genügt die angedeutete Vorbildung nicht. Dieselbe würde vielmehr noch durch eine mehrjährige Praxis in Wirthschaft und Verwaltung zu ergänzen sein, weil nur die Praxis die Sicherheit in der Beurtheilung der Waldverhältnisse und in der Waldbehandlung gewährt, welche für den forstlichen Fachlehrer unerläßlich ist.

Die Besorgniß, daß die Lehrer an den forstlichen Fachschulen der wissenschaftlichen Verflachung und Abstumpfung in höherem Maße anheim fallen, als an den allgemeinen Hochschulen, theilen wir nicht, obgleich wir es verstehen, wenn eine derartige Behauptung von einem den maßgebenden Verhältnissen fern stehenden Universitäts-Professor ausgesprochen wird. Im Gegentheile läßt sich gerade an den Lehrern der Forst-Akademien der Nachweis führen, daß sie die jugendliche Regsamkeit und Frische für die Wissenschaft bis in das Alter in ungewöhnlichem Grade bewahrt haben. Ausnahmen kommen sicherlich vor, beweisen dann aber nur, daß die rechten Männer nicht gewählt sind, und daß dieselben es nicht verstanden haben, von den bei den forstlichen Fachschulen vorhandenen, anregenden Elementen, worauf später zurückgekommen werden soll, den richtigen Gebrauch zu machen.

5. Die Lehrmittel der Forstschulen.

Anschauungs- und Ausübungs-Unterricht auf den forstlichen Hochschulen bedürfen namhafter Lehrmittel verschiedener Art. Nothwendigkeit und Werth derselben sind unbestritten. Allgemeine Hochschulen und forstliche Fachschulen nehmen den Vorzug besserer Ausstattung in dieser Hinsicht für sich in Anspruch. Um zu erkennen, welchen Anstalten der Vorzug für den forstlichen Bildungszweck in Wirklichkeit gebührt, ist es nothwendig, auf die Bedürfnisse des forstlichen Unterrichts näher einzugehen.

Anschauungs- und Ausübungs-Unterricht auf den Forstschulen bedürfen in erster Linie des Waldes als Lehrmittel, um durch planmäßige, mit Sorgfalt ausgewählte, örtlich vorbereitete Exkursionen, die sich dem Vortrage folgerichtig anschließen, das Verständniß zu erleichtern, den Unterricht abzukürzen, das Wissen zu befestigen. Verzichtleistung auf die Waldexkursionen oder seltene Benutzung derselben hieße eines der wichtigsten und wirksamsten Unterrichtsmittel vernachlässigen. Sie sind unentbehrlich für das Hauptfach und gereichen dem Unterrichte in Botanik, Entomologie, Geognosie, Geodäsie zur wesentlichen Unterstützung, dies Alles jedoch nur dann, wenn der Schule die Verfügung über die Waldwirthschaft (nicht die Administration) zusteht, wenn ferner der Wald vielseitige, lehrreiche Verhältnisse in unmittelbarer Nähe der Forstschule darbietet. Mit den Schülern lernen die Lehrer vom Walde. Für sie ist der Unterrichtswald Lehrmittel und Lehrmeister zugleich, eine unerschöpfliche Fundgrube neuer Beobachtungen und Untersuchungen, ein Wegweiser für Methode und Wesen des Unterrichts, ein Schutzmittel gegen unfruchtbare und verfehlte Theorien. Ueberdies dürfte nichts geeigneter sein, um die Schüler den Lehrern persönlich nahe zu bringen, als der durch die Wald=Exkursionen vermittelte regelmäßige Verkehr. Pfeil vergleicht einen forstlichen Unterricht ohne geeigneten Wb einem Reituntrricht ohne Pferde und Reitbahn.*) In der Bedeutung des Unterrichtswaldes liegt vorzugsweise der Grund, weshalb die Forst=Akademien in den Wald gewandert sind. Hierin beruht zugleich ein ganz wesentlicher Vorzug der forstlichen Fachschulen, gegenüber den allgemeinen Hochschulen, denen die Verfügung über lehrreiche, nahe belegene Waldungen fast immer fehlt, weil dieser Gesichtspunkt, der bei der Ortswahl der Akademien in erster Linie steht, bei Gründung von Universitäten und polytechnischen Schulen mit ihren vielseitigen, anderweiten Interessen, kaum in Betracht gezogen wird. Sammlungen und Forstgärten, so wichtig sie sind, vermögen diesen Mangel ebensowenig zu ersetzen, wie vereinzelte Exkursionen und Reisen in fern gelegene Waldungen. Wo der Wald nicht täglich, ohne erhebliche Kosten, Zeitaufwand und Vorbereitungen erreicht werden kann, da verfehlen der Unterrichtswald und die Forstschule, selbst die Forst=Akademie zum größten Theile ihren Zweck. Der unzureichende Erfolg des forstlichen Unterrichts in Berlin und die Verlegung desselben nach Neustadt=Eberswalde ist nach dem Urtheile Pfeils wesentlich in dem Mangel eines Unterrichtswalds vor den Thoren von Berlin begründet gewesen.

In Betreff der Sammlungen unterliegt es keinem Zweifel, daß die Forst=Akademien, was Reichhaltigkeit angeht, hinter den Universitäten und technischen Hochschulen zurückstehen. Daraus folgt aber noch nicht, daß die Sammlungen der forstlichen Fachschulen für den Unterrichtszweck weniger leisten. Man muß unseres Erachtens unterscheiden zwischen Unterrichts= und wissenschaftlichen, zwischen Fach= und allgemeinen Sammlungen. Die Sammlungen der allgemeinen Hochschulen sind überwiegend allgemein wissenschaftliche, diejenigen der Forst=Akademien vorherrschend Unterrichts=Sammlungen für das Forstfach in solcher Vollständigkeit, daß sie zugleich dem wissenschaftlichen Bedürfnisse des Lehrers genügen. Ueber den Werth der Fach=Sammlungen entscheidet nicht die Vielheit der Gegenstände, sondern Auswahl und Anordnung, die sich dem Princip des Unterrichts und den Zielen der Fachwissenschaft unterzuordnen haben. Auf den forstlichen Fachschulen können Gesteins=, Boden= und Holzscheiben=Sammlungen, welche

---

*) Pfeil. Krit. Blätter 38, 1. Forstliche Bildung und Unterricht.

die nach dem Boden verschiedenen Wachsthumsverhältnisse veranschaulichen, räumlich vereinigt werden. Die botanischen Sammlungen stellen Leben und Krankheitserscheinungen der Holzgewächse dar, — die zoologischen bringen Lebensbilder und Wirken der Waldthiere zur Anschauung. Nebenher gehen systematisch geordnete Sammlungen in der durch das wissenschaftliche Bedürfniß und Verständniß, die forstlichen Ziele und die Verhältnisse des Landes gebotenen Begrenzung. Wo sind die Universitäten oder die polytechnischen Schulen, in deren Sammlungen dies Princip, dessen Nützlichkeit mit Erfolg nicht bestritten werden kann, in gleicher Weise verwirklicht ist? Die abweichenden Grundgedanken, welche den Umfang des Unterrichts beherrschen, finden auch in den Sammlungen Ausdruck. Die Fülle der Gegenstände, welche die Sammlungen der allgemeinen Hochschulen aus allen Ländern aufhäufen, kann für den Lehrer sehr werthvoll sein und einen Vorzug vor den Fach-Sammlungen begründen; für den Fachschüler dagegen, welchem die Uebersicht und die Unterscheidung des Wichtigen abgeht, wirkt sie störend und verwirrend. Unterrichts-Sammlungen erfüllen ihren Zweck dann am vollständigsten, wenn sie dem Lehrer jederzeit zur Verfügung und den Lernenden zugänglich sind. Auf den Fachschulen, wo die Lehrer Vorstände der Sammlungen in dem von ihnen vertretenen Wissens-Gebiete sind, ist dies in höherem Grade durchführbar, als auf den allgemeinen Hochschulen, wo mehrere Lehrer und zahlreiche Schüler verschiedener Richtung auf eine und dieselbe Sammlung angewiesen sind.

Ein nicht zu verkennender Vorzug der allgemeinen Hochschulen besteht in der Reichhaltigkeit der daselbst befindlichen Bibliotheken. Die Bibliotheken der Hochschulen haben einen zweifachen Zweck zu erfüllen. Sie dienen den Lehrern zu wissenschaftlichen Arbeiten, den Schülern zum Selbststudium. Die Bibliotheken der Fachschulen müssen die Literatur der Fachwissenschaft so vollständig als möglich enthalten. In den Grund- und Nebenwissenschaften müssen sie die Lehrer in den Stand setzen, den Fortschritten der Wissenschaft zu folgen. Es sind daher alle bedeutenden Erscheinungen auf diesen Gebieten, soweit sie mit der durch die Fachwissenschaft gegebenen Richtung in mittelbarem oder unmittelbarem Zusammenhange stehen, anzuschaffen. Namentlich dürfen die namhaftesten Zeit- und Vereinsschriften nicht fehlen. Es muß ferner den Lehrern der Grund- und Nebenwissenschaften eine Mitwirkung bei Anschaffung der ihre Interessen berührenden Literatur eingeräumt und den von ihnen gehegten Wünschen bereitwillig entgegen gekommen werden. Dagegen erscheint es mit Rücksicht auf die von der Fachschule zu verfolgenden Ziele nicht ausführbar, die gesammte Literatur der Grund- und Hülfs-Wissenschaften aus Vergangenheit und Gegenwart in den Bibliotheken der Fachschulen zu vereinigen. Specialwerke, die nur einen historischen Werth haben, oder die nur in einer entfernten Beziehung zu der Lehr- oder wissenschaftlichen Aufgabe der Fachschulen stehen, werden den Bibliotheken derselben fern bleiben müssen. Wenn in vereinzelten Fällen, etwa bei Special-Arbeiten, sich ein Anlaß darbieten sollte, dieselben zu benutzen, so wird man die allgemein wissenschaftlichen Bibliotheken der Hauptstädte und der Universitäten zu Hülfe nehmen müssen.

Pflanzen-Gärten zum Unterrichte in Botanik und Waldbau, lassen sich bei den im Anschlusse an den Wald errichteten Fachschulen gewöhnlich weit zweckmäßiger einrichten, als an den allgemeinen Hochschulen. Zudem bietet die Verbindung der forstlichen Fachschulen mit dem Walde und die der Schule zustehende wirthschaftliche Disposition über letzteren die den Universitäten und polytechnischen Schulen in der Regel fehlende Gelegenheit dar, das Verhalten seltener oder ausländischer Holzarten, die ein botanisches oder wirthschaftliches Interesse darbieten, in Bestands-Anlagen zur Anschauung zu bringen.

Chemische Laboratorien sind nach dem heutigen Standpunkte der Wissenschaft für den forstlichen Unterricht nicht mehr zu entbehren. Es genügen aber kleinere Räume und bescheidenere Ausstattung, als sie die Prachtgebäude der chemischen Laboratorien bei Universitäten und polytechnischen Hochschulen enthalten.

Lehrmittel sind Hülfsmittel für den Unterricht. Die Vielseitigkeit des Unterrichts auf den allgemeinen Hochschulen führt zu einer Reichhaltigkeit der Lehrmittel, von welcher die Fachschüler nur einen beschränkten Gebrauch zu machen vermögen. Bei den Forst-Akademien können der ganze Lehr-Apparat, sowie die zur Herstellung und Instandhaltung desselben erforderlichen Fonds ausschließlich nach dem forstlichen Bedürfnisse bemessen werden. Dieselben sind daher in höherem Grade, als die allgemeinen Hochschulen und vollständiger als die Doppel-Akademien der Land- und Forstwirthschaft im Stande, in Bezug auf Auswahl, Anordnung und Benutzung der Lehrmittel dem forstlichen Unterrichtszwecke zu entsprechen.

6. Die Leitung des forstlichen Unterrichts.

Der Fortschritt und der wachsende Umfang der Wissenschaften drängt immer mehr zur Specialisirung bei deren Aneignung und Erforschung. Da Niemand eine Wissenschaft gut lehren wird, ohne dieselbe zu beherrschen, und da es nicht wünschenswerth ist, den forstlichen Unterricht der Mittelmäßigkeit zu überliefern, so muß man denselben specialisiren. Man braucht darin nicht so weit zu gehen, wie von einzelnen Seiten verlangt wird, daß jede Wissenschaft einen oder mehrere Vertreter auf den forstlichen Hochschulen findet. Aber man wird beispielsweise nicht Zoologie und Botanik, geschweige denn die Gesammtheit der Naturwissenschaften in einer Hand lassen können, ohne besorgen zu müssen, daß den Studirenden vom Lehrstuhle herab veraltete Dinge verkündet oder wichtige neue Entdeckungen vorenthalten werden. Die Specialisirung des Unterrichts auf den forstlichen Hochschulen ist somit eine Nothwendigkeit. Allein sie birgt auch eine sehr beachtungswerthe Gefahr, die darin liegt, daß jeder Lehrer, angetrieben von der Begeisterung für seine Wissenschaft, glaubt, den Studirenden Alles vortragen zu müssen, was er selbst weiß, während es doch eine baare Unmöglichkeit ist, daß die Studirenden in jeder Grundwissenschaft Alles lernen. Diese Gefahr der Ueberladung und der Zersplitterung führt von selbst zu demjenigen Mittel, wodurch auch in wirthschaftlichen Dingen die Arbeitstheilung erst wirksam gemacht wird, zur Arbeits-Vereinigung. Sie begründet mit anderen Worten die Nothwendigkeit, die Zusammenfassung der forstlichen Unterrichts-Aufgabe einem Direktor anzuvertrauen, der nicht häufig wechseln darf, um nicht mit dem Wechsel der Person eine fortwährende Aenderung des Systems herbeizuführen, der zweckmäßig eine Lehrthätigkeit einnimmt, um durch Lehren zu lernen und mit dem Bedürfnisse des Unterrichts vertraut zu bleiben, der aus der Zahl der forstlichen Lehrer hervorgehen muß, weil sich Grund- und Nebenwissenschaften dem Hauptfache unterzuordnen haben. Sache des Direktors ist es, in fortwährender naher Berührung und im Zusammenwirken mit den übrigen Lehrern das richtige Maaß in Umfang und Theilung des Unterrichts zu halten, Verbesserungen Eingang zu verschaffen, Mängel zu beseitigen und in der gesammten Einrichtung der Anstalt das von derselben zu erstrebende Ziel einer tüchtigen forstlichen Berufsbildung sowohl, als der Förderung der Wissenschaft im Auge zu halten. Eine derartige centrale, fachmäßige, dauernde Leitung des Unterrichts besteht nur auf den Forst-Akademien. Auf den Universitäten, wo das entgegengesetzte Princip der Decentralisation des Unterrichts herrscht, liegt Alles in der Hand der Special-Professoren, von denen Jeder für seine Wissenschaft sorgt, Niemand außer den forstlichen Fachlehrern die Berufsbildung berücksichtigt und wo von einer einheitlichen Behandlung der Unterrichts-Aufgabe nicht die Rede ist. Auf den polytechnischen Schulen ferner haben die Direktoren, wenn sie nicht zufällig Forstleute sind, kein genügendes Verständniß, wenn sie es sind, wie z. B. zeitweise Landolt in Zürich, nicht die nöthigen Befugnisse für die Abmessung und einheitliche Durchführung des forstlichen Unterrichts, die auch den Vorständen der forstlichen Abtheilungen nicht in ausreichender Weise zu Gebote stehen. Auf den combinirten Fachschulen für Land- und Forstwirthschaft endlich leidet je nach dem Berufe, welchem der Fachdirektor angehört, entweder die eine oder die andere Richtung, eine Thatsache, die schon von Pfeil*) hervorgehoben und von Preßler**), dem entschiedenen Anwalte der land- und forstwirthschaftlichen Akademien, wenigstens unter Bezugnahme auf Hohenheim zugegeben ist.

7. Allgemeine Bildung auf den Forstschulen.

Von den Vertheidigern des forstlichen Unterrichts auf allgemeinen Hochschulen wird mit Vorliebe hervorgehoben, daß dieselben in höherem Maße, als die forstlichen Fachschulen geeignet seien, sowohl die allgemeine Bildung der Studirenden zu fördern, als durch den Verkehr mit Studirenden anderer Berufsarten den wissenschaftlichen Sinn zu wecken und zu beleben. Andere rühmen den bildenden Einfluß der größeren Städte durch Concerte und Theater,***) durch Vereinsleben und sociale Kämpfe(!) und erwarten von denselben Gemüths- und Charakterbildung, künstlerische, politische und sociale Bildung.****) Forst-Akademien dagegen sollen eine ganz einseitige Entwickelung zu Wege bringen und die Kleinstädte, in denen sie sich befinden, mit ihren engen Verhältnissen den freien geistigen Flug der Forsteleven hemmen und

---

*) Pfeil. Forstl. Bildung und Unterricht. Krit. Blätter 38, 1, p. 100.
**) Preßler im Tharander Jahrbuche III. Band 1846, p. 174. 4 Streitfragen aus der land- und forstwissenschaftlichen Pädagogik.
***) Zur Organisation der forstlichen Lehranstalten. München 1870, p. 26.
****) Sachsens technische Hochschule in Nr. 183, 184 der Dresdener constitutionellen Zeitung. Jahrg. 1871.

ihnen den Einblick in die geistige Bewegung unserer vorwärts drängenden Zeit verschließen.

Wenn es wirklich Aufgabe der Hochschulen wäre, den Studirenden des Forstwesens alle genannten Sorten von Bildung beizubringen, dann möchte man sich dafür bedanken, an solchem Bildungswerke Theil zu nehmen, welches ganz sicher zur Verbildung führen würde, gegen die der Wald im günstigsten Falle als Heilmittel dienen könnte. Es lohnt wahrlich nicht der Mühe, nachzuweisen, daß es nicht Aufgabe der Hochschule ist, in jedem Forsteleven den künftigen Volksvertreter heranzubilden, oder daß Theatern und Concerten der Großstädte ein sehr untergeordneter Antheil an der Bildung des Forstmannes gebührt. Wenn, abgesehen von der forstlichen Berufsbildung, irgend etwas für die Forst-Akademien und die Kleinstädte spricht, dann ist es der Umstand, daß die Studirenden bei dem Uebergange aus der Familie in das Leben dem wilden, unreifen Parteitreiben und dem Schmutze der großen Städte noch eine Zeit lang fern bleiben. Im Uebrigen gehört wahrlich eine verknöcherte Auffassung von der Jugend und vom Leben dazu, um die Ansicht auszusprechen, daß der Aufenthalt der Studirenden in kleineren Städten das Interesse derselben an den großen Begebenheiten und Strömungen der Zeit gefangen halte.

Beachtungswerth und zu einer näheren Erörterung geeignet ist nur die Ansicht, daß allgemeine Bildung und wissenschaftlicher Sinn auf den allgemeinen Hochschulen mehr gefördert werden, als auf den Fachschulen.

Daß die allgemeinen Hochschulen in hervorragender Weise geeignet zur Erlangung allgemeiner Bildung sind, braucht weder bewiesen zu werden, noch kann es bestritten werden. Allein ein Grund gegen die forstlichen Fachschulen ist daraus nicht abzuleiten, theils weil die Hauptaufgabe derselben nicht in der allgemeinen Bildung, sondern in einer tüchtigen forstlichen Berufsbildung liegt, die nach unserer Ansicht auf den Forst-Akademien besser erlangt wird, anderntheils, weil die forstlichen Fachschulen kein Hinderniß, sondern ein Förderungsmittel allgemeiner Bildung sind. Unerläßlich ist der Besuch von Universität oder Polytechnikum zur Aneignung des erforderlichen Maßes von der letzteren nicht. Das beweisen die in höheren Stellen befindlichen tüchtigen Beamten, welche der Forst-Akademie ihre theoretische Bildung verdanken. Die Vielseitigkeit des forstlichen Unterrichts ist allein schon ein sehr

geeignetes allgemeines Bildungsmittel. Derselbe nimmt die ganze
Thätigkeit des jungen Forstmannes derartig in Anspruch, daß in
den dazu bestimmten 2 oder 2½ (Aschaffenburg, Tharand) Jahren
keine Zeit bleibt, um andere Studien zu treiben. Ein dem Studium
auf der Forst=Akademie vorhergehender oder besser folgender Uni=
versitäts=Besuch dagegen, von welchem thatsächlich häufig Gebrauch
gemacht wird, kann als Mittel weiter gehender staatsmännischer
oder allgemeiner Geistesbildung nur empfohlen werden.

An wissenschaftlichem Sinn fehlt es den Studirenden auf den
Forst=Akademien zum Glück auch nicht. Der Unterricht im Walde,
der nähere Verkehr zwischen Lehrern und Schülern, selbst der Ver=
kehr der Studirenden unter sich, welcher die Berufsliebe, an der
Alles gelegen ist, weckt, sind sehr geeignet, den wissenschaftlichen
Eifer rege zu halten. Der Eifer für die Wissenschaft findet seinen
Maßstab in dem Fleiße. Ein Vergleich in dieser Hinsicht mit den
Universitäten würde nicht zu Ungunsten der Forst=Akademien aus=
fallen. Man würde Unrecht haben, den Studienfleiß auf den
Forst=Akademien allein oder überwiegend einer strafferen Disciplin
oder dem Collegienzwange zuzuschreiben. Disciplinarzwang, dem
überhaupt eine enge Grenze gegenüber dem feinen Gefühle der
reiferen Jugend gesteckt ist, vermag die Hörsäle auf die Dauer nicht
zu füllen, wenn darin das Interesse für die Wissenschaft keine
Nahrung findet.

8. Die Leistungen der Forstschulen auf dem Unterrichts= gebiete.

Das sicherste Urtheil über die Tüchtigkeit einer Unterrichts=An=
stalt liefern die Leistungen der Männer, welche darauf gebildet
sind. Hervorragende Brauchbarkeit einzelner talentvoller Schüler
kann dabei allerdings nicht in Betracht kommen, weil „das Talent,
wie das Gold ist, welches, wo immer es in der Natur vorkommt, gediegen ist,
nie vererzt, so daß jeder Ofen ihm recht ist." Entscheidend sind vielmehr
auch hier nur die Durchschnitte, welche große Zahlen liefern. Es
ist auffallend, daß dieser Gesichtspunkt von denjenigen, welche die
Beseitigung der Forst=Akademien verlangen, gar nicht gewürdigt ist,
da doch in Deutschland der forstliche Unterricht auf rein forstlichen
und combinirten Fachschulen, auf Universitäten und polytechnischen
Schulen seit langer Zeit theils neben einander besteht, theils nach
einander ertheilt ist. Jedenfalls würde der Nachweis, daß der forst=
liche Unterricht auf den allgemeinen Hochschulen gegenüber dem=

jenigen der Fachschulen, tüchtigere Wirthschafter und Verwalter, geordnetere Waldzustände, höhere Forsterträge unter sonst gleichen Verhältnissen geliefert habe, eine eingreifendere Wirkung geäußert haben, als alle Erörterungen über die hohe wissenschaftliche Bedeutung der Universitäten, oder über die Vortheile allgemeiner Bildung für die Forstleute. Allerdings hat es seine Schwierigkeiten, den gegenseitigen Werth der Unterrichts-Anstalten an ihren Früchten zu erkennen. Allein den Versuch, die Thatsachen reden zu lassen, hätten sich die Gegner der Forst-Akademien bei der Entschiedenheit, mit welcher sie dieselben verurtheilen, nicht ersparen dürfen. Versuchen wir, anstatt ihrer, die Thatsachen zu prüfen.

Einen unbedingten Rückschluß auf die Organisation der Schule läßt die Tüchtigkeit der darauf gebildeten Forstleute, so schwer sie in das Gewicht fällt, nicht zu, weil diese nicht allein von jener abhängig ist. Gute Lehrer können bei einer mangelhaften Schulorganisation Tüchtiges leisten, — eine vorzügliche praktische Ausbildung die Lücken im theoretischen Wissen ergänzen, — gute Verwaltungs-Einrichtungen Mängel der Schule ausgleichen. Umgekehrt kann die Organisation der Schule nicht verantwortlich gemacht werden für schlechte Lehrer und fehlerhafte Organisation der Verwaltung. Ein zutreffendes Urtheil darüber, ob allgemeine Hochschulen oder Fachschulen im Gebiete des forstlichen Unterrichts zu größerer Brauchbarkeit führen, würde erzielt werden, wenn man beide Systeme unter sonst gleichen Verhältnissen längere Zeit anwendete. Einen derartigen, immerhin gewagten Versuch hat der Professor Virchow vorgeschlagen, indem er der Preußischen Staatsregierung die Vereinigung der zu Münden errichteten Forst-Akademie mit der Universität Marburg wenigstens versuchsweise dringend empfahl. Regierung und Abgeordnetenhaus glaubten sich diesen Rath nicht aneignen zu dürfen, weil das angerathene Experiment in Preußen bereits gemacht war und zu dem Ergebnisse geführt hatte, daß die Leistungen der Universität Berlin unbefriedigende, diejenigen der Forst-Akademie Neustadt-Eberswalde dagegen befriedigende gewesen. Dies Ergebniß ist um so durchgreifender, als Pfeil, welcher der Forst-Akademie einen Namen verschafft hat, 9 Jahre an der Universität und demnächst 28 Jahre in Neustadt-Eberswalde als Lehrer der Forstwissenschaft gewirkt hatte und sich am Abende seines Lebens, nachdem er mehr als 1000 junge Forstleute gebildet, unter ausdrücklichem Hinweis auf die in seiner langen Lehrthätigkeit gesammelten Erfahrungen mit großer Entschiedenheit gegen die

Universität und für die Forst-Akademie in Betreff der forstlichen Fachbildung aussprach.*) Ebenso hat man sich in Bayern, dessen Forstwirthschaft als Musterwirthschaft gerühmt wird, veranlaßt gesehen, die forstliche Ausbildung von der Universität München nach Aschaffenburg zu weisen. Man würde es ganz sicher nicht gethan haben, wenn die Leistungen der Universität genügt hätten. Von den Anhängern der allgemeinen Hochschulen könnte diesen Beweisführungen entgegen gestellt werden, daß auch die forstliche Bildung in Gießen, Carlsruhe, Braunschweig, Zürich gute Früchte getragen habe. Allein man wird, ohne den Leistungen der hier gebildeten Forstleute irgendwie zu nahe zu treten, darauf hinweisen dürfen, daß in den Staaten, welchen diese Bildungs-Anstalten angehören, die Leistungen der Forst-Akademien nicht erprobt sind, ferner, daß dort, vielleicht mit Ausnahme der Schweiz, die durch den Umfang der Staatsforsten bedingte geringe Frequenz und der Kostenpunkt bei der Organisation des forstlichen Unterrichts in die Waagschale gefallen sind.

In Preußen, wo der forstlichen Unterrichtsfrage ohne Rücksicht auf den Kostenpunkt von jeher die größte Aufmerksamkeit zugewendet worden, und wo noch jetzt zahlreiche auf der Universität (Berlin, Gießen) und auf der Forst-Akademie gebildete Forstbeamte wirken, hat im vorigen Jahre der Chef der Forstverwaltung vor dem Hause der Abgeordneten die Erklärung abgegeben, daß nach seiner Erfahrung „die Fach-Anstalten tüchtigere Forstwirthe und Revierverwalter und tüchtigere Geschäftsmänner liefern, als die kleinen Universitäten, mit denen der forstliche Unterricht verbunden sei," — ferner, „daß der Versuch, die forstliche Ausbildung an die Universität Berlin zu weisen, nicht zum Ziele geführt habe." Es wird nicht in Abrede gestellt werden können, daß dies Urtheil von sehr maßgebender Stelle gekommen ist. Daß andere forstliche Centralstellen gleicher Ansicht sind, denen jedenfalls die beste Urtheilsfähigkeit über die Leistungen der Forstbeamten beiwohnt, in denen sich die Tüchtigkeit der Schulen spiegelt, dürfte aus der schon erwähnten Reorganisation der Forst-Akademie Tharand und aus der räumlichen Erweiterung der Forst-Akademie Mariabrunn hervorgehen. Die Thatsachen sprechen daher für die Forst-Akademien.

---

*) Pfeil. Forstl. Bildung und Unterricht. Krit. Bl. 38, 1. 1856.

9. Die Forstschulen und die Wissenschaft.

Neben dem Unterrichte steht die Forschung als zweite unerläßliche Aufgabe der forstlichen Hochschulen. In der Vereinigung beider Ziele liegt das wesentliche Merkmal einer Hochschule. Unterrichts-Anstalten, welche sich darauf beschränken, die wissenschaftlichen Errungenschaften Anderer für den Unterricht mundrecht zu machen, verdienen den Namen einer Hochschule nicht. In der Wissenschaft stehen Unterricht und produktive Forschung in einer sehr glücklichen Wechselwirkung. Der systematische Unterricht, welcher das ganze bekannte Gebiet einer Wissenschaft beherrscht, zeigt der Forschung den Weg, um die Lücken der Wissenschaft auszufüllen; — die Freude hinwiederum des eigenen Schaffens, der erfolgreichen Mitarbeit an dem Aufbau der Wissenschaft, welcher stets fortgeführt wird, ohne jemals vollendet zu werden, belebt den Unterricht mehr, als irgend etwas Anderes. Es giebt brauchbare Lehrer, die nicht productiv sind, weil ihnen dazu die Zeit oder Energie fehlt, oder weil mit der Wissenschaft die Sorge zu Pferde sitzt. Solche Lehrer können durch Pflichttreue ersetzen, was ihnen an geistiger Frische abgeht, obgleich es nicht leicht ist, unter derartigen Umständen gegen den abstumpfenden Einfluß langjähriger Gewohnheit mit Erfolg anzukämpfen. Allein die hervorragenden Lehrer wird man immer nur unter den Forschern und Schaffern auf dem Gebiete des Wissens finden. Nur sie begründen eine Schule. Nur sie lenken die Wissenschaft und ihre Lehre in neue Bahnen.

Die Ansicht, daß Lehre und Pflege der Wissenschaft zusammen gehören, hat kürzlich durch Vereinigung des forstlichen Versuchswesens mit den Forstschulen in Preußen, Oesterreich, Bayern, Württemberg, Baden, Sachsen-Weimar einen thatsächlichen Ausdruck gefunden.

Die wissenschaftliche Aufgabe der forstlichen Hochschulen besteht darin, die Forschung auf diejenigen Fragen zu richten, welche die Forstwissenschaft stellt. Wer andere, dem Forstwesen fremde Wege der wissenschaftlichen Forschung gehen will, mag sich anderen Anstalten zuwenden. Für die Forstschule ist er weniger als eine halbe Kraft. Der ungelösten Fragen in der Forstwirthschaft giebt es noch zu viele, als daß es sich verantworten ließe, das wissenschaftliche Terrain auf den Forstschulen Lehrern zu überlassen, die ihren Verpflichtungen für die Forstwissenschaft glauben Genüge geleistet zu haben, wenn sie die Stunden im Hörsaale hinter sich haben, die aber ihre geistige Kraft und ihr wissenschaftliches Interesse Zielen zuwenden, welche dem Forstwesen fremd sind. Es gehören dahin die Passanten auf den Forst-Akademien, deren man sich nicht rasch genug entledigen kann, weil sie mit ihrer Person und ihrem Interesse den Fortschritt der Wissenschaft versperren. Es gehören dahin ferner die Lehrer der Grundwissenschaften auf den allgemeinen Hochschulen, deren allgemeiner Standpunkt zur Wissenschaft, welcher den verschiedensten Berufsfächern gerecht werden soll, sie von der specifisch forstlichen Richtung wissenschaftlicher Forschung fern hält. Von beiden Arten von Lehrern ist für die Fortbildung der Forstwissenschaft nichts zu erwarten. Zwischen beiden besteht nur der wesentliche Unterschied, daß die Erscheinung auf den Forst-Akademien eine deren Aufgabe widerstrebende Ausnahme, auf den allgemeinen Hochschulen dagegen die in deren Organisation beruhende ausnahmslose Regel bildet. Auf den allgemeinen Hochschulen liegt daher die forstwissenschaftliche Forschung lediglich in den Händen der forstlichen Fachlehrer An den Forst-Akademien betheiligen sich daran in hervorragender Weise auch die Lehrer der Grundwissenschaften. Hierin liegt ein erster, wesentlicher Grund, weshalb die letzteren die wissenschaftliche Aufgabe vollständiger zu erfüllen vermögen, als die ersteren.

Weitere den forstlichen Fachschulen günstige Gesichtspunkte ergeben sich, wenn auf die Methoden wissenschaftlicher Forschung eingegangen wird. Die forstwissenschaftliche Forschung bedient sich sowohl der inductiven, als der speculativen Methode. Im Allgemeinen sondern sich diese beiden Wege derartig, daß die naturwissenschaftliche Begründung und Fortbildung der Forstwissenschaft inductiv, d. h. unter Anwendung der Beobachtung, des Versuchs und der Untersuchung verfährt, während die mathematische und wirthschaftswissenschaftliche Forschung auf forstlichem Gebiete überwiegend speculativ ist. Nun bedarf die speculative forstliche Forschung weder die Nähe des Waldes, dessen Kenntniß allerdings vorausgesetzt werden muß, noch gestattet sie gut die Theilung der geistigen Arbeit bei einem und demselben Gegenstande. Sie findet deshalb Raum auf den allgemeinen Hochschulen und bedarf der Fachschule nicht. Nicht so die inductiv-forstliche Forschung. Dieselbe kann einerseits den Wald und die Waldesnähe nicht entbehren, um Material zu beschaffen, Beobachtungen, Versuche und Untersuchungen anzustellen und die Methode auszubilden. Anderseits sind bei den meisten forstwissenschaftlichen Forschungen inductiver Art mehrere Wissensgebiete betheiligt, die sich nicht in einer Hand befinden und deshalb die Aufstellung eines gemeinschaftlichen Arbeitsplans erfordern. So z. B. müssen mit dem überall betheiligten Forstmann bei den forstlich=meteorologischen Untersuchungen der Physiker, bei Boden=Untersuchungen und Streu=Versuchen Chemiker und Physiker, bei Aestungs=Versuchen der Pflanzen=Physiologe, bei Untersuchungen über Vogelschutz und Insecten=Vertilgung der Zoologe zusammen wirken, um die gemeinschaftliche Aufgabe allseitig und auf dem kürzesten Wege zu lösen. In der Nothwendigkeit, die inductiv=forstliche Forschung an den Wald anzulehnen und bei Zusammentreffen verschiedener Wissensgebiete einer einheitlichen Behandlung zn unterziehen, liegen die angedeuteten weiteren Gründe, wegen deren die Forst=Akademien der Fortbildung der Forstwissenschaft besser dienen können, als die allgemeinen Hochschulen.

Stellt man diesen theoretischen Erörterungen die Thatsachen gegenüber: so soll zunächst, um der Wahrheit die Ehre zu geben und auch den Schein der Voreingenommenheit zu vermeiden, bereitwillig zugestanden werden, daß an den Leistungen auf dem Gebiete wissenschaftlicher Forschung alle Arten forstlicher Hochschulen Theil genommen haben. Man darf es sicher als ein erfreuliches Zeichen für die kräftige Entwickelung der Forstwissenschaft bezeichnen, daß dieselbe unter den verschiedensten äußeren Formen Blüthen und Früchte getragen hat. Anderseits kann man sich aber der Wahrnehmung nicht verschließen, daß die Lehrer der Grundwissenschaften auf den allgemeinen Hochschulen der Fortbildung der Forstwissenschaft absolut fern geblieben sind, — daß von den Fachwissenschaften daselbst überwiegend die mathematische Seite und zwar nicht immer in der durch die Natur des Waldes gegebenen Begrenzung ausgebildet ist, während den forstlichen Fachschulen das Anerkenntniß nicht versagt werden kann, daß sie und zwar sie allein auf allen Gebieten forstlichen Wissens viele werthvolle Bausteine zur Fortbildung der Wissenschaft geliefert haben. Das werden sie hoffentlich auch in Zukunft thun und dadurch die Legitimation zu ihrem Forstbestande beibringen. Eine speciellere thatsächliche Erörterung der Frage, welche Anstalten vermöge ihrer Organisation fruchtbarer gewesen sind für die forstliche Wissenschaft, würde nicht umhin können, die Thätigkeit von Männern, welche der Gegenwart oder der jüngsten Vergangenheit angehören, einer Kritik zu unterziehen, die unter dem Einflusse der Tagesmeinungen vielleicht nicht nach allen Seiten hin die volle Unbefangenheit bewahren würde. Es mag deshalb einstweilen dem unparteiischen Urtheile der Zukunft überlassen bleiben, auf welche Seite sich die Wagschale senkt.

Daß es den Lehrern der Forst-Akademien bei der Beschäftigung mit Unterricht und Forschung an der zu wissenschaftlichen Leistungen erforderlichen geistigen Anregung nicht fehlt, wenn ihnen, was allerdings unerläßlich ist, hinreichend Zeit und Hülfsmittel gewährt werden, um ihrer Aufgabe zu genügen, wird wohl keines besonderen Nachweises bedürfen. Müssen dieselben auch auf den wissenschaftlichen Verkehr im Mittelpunkte der Universität oder des Polytechnikums verzichten: so gewährt doch die Anlehnung an den Wald, die schaffende Thätigkeit für Unterricht und Wissenschaft und das durch gemeinsame Arbeit begründete Gefühl der Solidarität einen nicht gering anzuschlagenden Ersatz.

10. Die Kosten der Forstschulen.

Dem Kostenpunkte, der hin und wieder bei Erörterung der forstlichen Unterrichtsfrage herbeigezogen wird, kann man keine entscheidende Bedeutung einräumen. Wie schlechte Kulturen die theuersten sind: so rächen sich Vernachlässigungen von Geisteskultur und Wissenschaft, mögen sie nun in Ersparniß-Rücksichten oder Gleichgültigkeit ihren Grund haben, in sehr empfindlicher Weise durch den Rückgang sowohl einzelner Wirthschaftszweige, als ganzer Völker. Um den Beweis hierfür zu erbringen, würde man nicht weit in der Geschichte zurückzugreifen brauchen. Bei dem Umfange, der Einträglichkeit und der volkswirthschaftlichen Wichtigkeit der Staatsforsten sollte der Kostenpunkt, der überdies gegenüber den Aufwendungen für andere Unterrichtszwecke unbedeutend zu nennen ist, wenigstens in waldreichen Groß- und Mittelstaaten nicht von der Einführung oder Beibehaltung des besten Unterrichts-Systems abhalten. Will man aber einmal rechnen, so würde der Nachweis nicht schwer sein, daß der Aufwand für den forstlichen Unterricht in der Forstwirthschaft reichliche Zinsen einträgt. Man wird daher auch vom finanziellen Gesichtspunkte aus denjenigen forstlichen Hochschulen den Vorzug einräumen müssen, welche Unterricht und Wissenschaft am besten fördern.

Dies thun nach unserer Ueberzeugung die Forst-Akademien mit und vermöge ihrer auf das forstliche Bedürfniß bezogenen Richtung, ihrer Anlehnung an den Wald und ihrer centralisirten Organisation. Wo sie es nicht thun, da ist etwas krank in dem Organismus derselben. Man mag da die bessernde Hand anlegen, eingerostete

Uebelstände rücksichtslos beseitigen, die rechten Männer berufen, die Zahl der Lehrer vermehren, die Lehrmittel verbessern, man mag auch, wo der Unterrichtswald nicht fehlt, die Forst-Akademien den allgemeinen Hochschulen örtlich nahe bringen, aber man möge nicht die Fundamente zerstören und die durch den Fortschritt der Wissenschaften eher verstärkten als abgeschwächten Gründe verläugnen, auf welche sich die Begründung, die Dauer und die Leistungen der Forst-Akademien gestützt haben.

If you have any concerns about our products,
you can contact us on
ProductSafety@springernature.com

In case Publisher is established outside the EU,
the EU authorized representative is:
**Springer Nature Customer Service Center GmbH
Europaplatz 3, 69115 Heidelberg, Germany**

Printed by Libri Plureos GmbH
in Hamburg, Germany